普通高等教育"十三五"规划教材

普通高等院校数学精品教材

复变函数与积分变换

（第二版）

主　　编	王志勇
副主编	朱四如
主　　审	李金兰
编　　委	王志勇　　田　菲　　陈兰花
	朱四如　　吴春梅　　刘彩霞
	杨延飞　　蔡泽彬　　方承胜
	胡　欣　　王中艳

U0390553

华中科技大学出版社

中国·武汉

内 容 提 要

本书是参照近年全国高等学校工科数学教学指导委员会工作会议的意见,结合电子类课程的实际情况编写而成的.本书内容设计简明,叙述通俗易懂,定位于应用和能力培养,具有针对性、先进性和系统性.

本书内容包括复变函数与解析函数、复变函数的积分、级数与留数、傅里叶变换、拉普拉斯变换、z变换和小波变换.每章习题配有基础和提高两种题型,并附有相关科学家介绍,便于读者自学.

本书既可作为高等院校相关专业的数学教材,也可作为科学和工程技术人员的学习参考书.

图书在版编目(CIP)数据

复变函数与积分变换/王志勇主编. —2 版. —武汉:华中科技大学出版社,2017.8

普通高等教育"十三五"规划教材　普通高等院校数学精品教材

ISBN 978-7-5680-3307-7

Ⅰ.①复… Ⅱ.①王… Ⅲ.①复变函数-高等学校-教材 ②积分变换-高等学校-教材
Ⅳ.①O174.5 ②O177.6

中国版本图书馆 CIP 数据核字(2017)第 196894 号

复变函数与积分变换(第二版)
Fubian Hanshu yu Jifen Bianhuan

王志勇　主编

策划编辑:王汉江
责任编辑:王汉江
封面设计:原色设计
责任校对:祝　菲
责任监印:周治超
出版发行:华中科技大学出版社(中国·武汉)　　电话:(027)81321913
　　　　　武汉市东湖新技术开发区华工科技园　　邮编:430223
录　　排:武汉市洪山区佳年华文印部
印　　刷:武汉科源印刷设计有限公司
开　　本:710mm×1000mm　1/16
印　　张:11.75
字　　数:216 千字
版　　次:2020 年 1 月第 2 版第 2 次印刷
定　　价:32.00 元

第二版前言

《复变函数与积分变换》一书自 2014 年出版以来已使用 3 年,结合编者在教学实践中的体会和读者的建议,编写组再次认真对原书进行修订.第二版保留原教材的知识体系结构和便于教学的特点,对部分章节作了适当的增减和补充.这次修订的主要工作有:

1. 更正疏漏和差错

结合教学实践和读者反馈的建议,对原书中出现疏漏和差错的地方进行更正,确保表述正确无歧义,知识点准确无误.

2. 补充说明和证明

对原书中过于简洁精练的知识点,增加必要的证明和解释,体现知识的逻辑性和结构的完整性,便于初学者自学.

3. 增加小结和例题

对章节知识点进行梳理总结,便于读者理清思路,建立知识体系;增加例题解析,强化读者知识应用能力.

4. 充实积分变换内容

对原书中积分变换内容进行完善和充实,进一步凸显基础知识应用能力的培养.

本书由王志勇任主编、朱四如任副主编,李金兰主审.编写修订分工如下:胡欣修订第 1 章,陈兰花修订第 2 章,王中艳修订第 3 章,刘彩霞修订第 4 章,朱四如修订第 5 章.在修订过程中,参考了国内外众多教材和书籍,借鉴和吸收了相关成果,在此表示衷心感谢.同时对积极支持本教材编写的领导、专家及同仁表示感谢.书中标有 * 号的内容供不同专业选用.本书教学参考用时 30～46 学时.

由于编者水平所限,加之时间仓促,书中难免有不妥之处,敬请读者指正.

编　者

2017 年 7 月

第一版前言

"复变函数与积分变换"是一门具有明显工程应用背景的数学课程.随着科学技术的迅速发展,它的理论和方法已广泛应用于控制技术、信息技术、电子技术和力学等许多工程技术和科学研究领域.为了满足教学改革和课程建设的需求,更好地体现先进性、实用性和针对性,编者在分析雷达工程、指挥自动化、电子对抗等专业领域对数学需求的广度、深度后,重新编排"复变函数与积分变换"课程的内容,编写了这本教学用书.

本书有以下特点:

1. 定位精准明确,强化精简实用

本书是编者结合教育部制定的教学大纲和多年的教学实践编写而成的.考虑到学时要求和面向的专业对象,在编排上注重内容精练、由浅入深,调整相应的知识架构,适时减少理论性强的推导证明,弱化计算技巧,侧重实际应用.章节后的习题分基础题(A题)、提高题(B题)两种层次,注重典型性和多样性,供学生选择使用.

2. 强调基本理论,体现需求引领

淡化定理、公式的严密性和逻辑性,采用数据、图像直观说明和理解概念、定理、公式.同时,针对工科的发展需求,引入离散傅里叶变换、z变换和小波变换等数学基础和应用.在引例、例题和应用中大量采用工学领域的简化问题,突出实用,体现先进性.

3. 注重基础应用,面向专业拓展

既注重数学基础知识及应用的通识教育,又兼顾各专业需求的工程数学知识.面向工学类专业领域,书中的引例、案例和应用覆盖相关专业,满足后续课程的学习需要,加强数学的实用性.

4. 名家名言引导,提升数学素养

作为提高数学文化的一种途径,每章引用名人名言,介绍知识概念的产生背景和来龙去脉,体现数学思想与数学观念.同时,每章有选择性地介绍有突出贡献的数学家,让学生了解数学发展的历史,引导学习数学家的探索精神,激发学习兴趣,促进意志、品格、毅力和情感等非智力因素的形成,提升数学素养.

　　本书由王志勇任主编,朱四如任副主编,李金兰任主审.编写分工如下:王志勇、田菲编写第 1 章,杨延飞、陈兰花编写第 2 章,蔡泽彬、吴春梅编写第 3 章,方承胜、刘彩霞编写第 4 章,朱四如编写第 5 章.

　　在编写过程中,参考了国内外众多教材和书籍,借鉴和吸收了相关成果,在此对这些资料的作者表示衷心感谢.同时,对积极支持本教材编写的领导、专家及同仁表示感谢.书中标有 * 号的内容可供不同专业选用.本书教学参考用时30～40 学时.

　　由于编者水平所限,加之时间仓促,书中难免有不妥之处,敬请读者指正.

编　者
2014 年 6 月

目　　录

第1章　复变函数与解析函数

复数的概念起源于代数方程求根中出现的负数开平方. 1777 年,数学家欧拉(Euler)首创用符号 i 表示虚数单位,发现了复指数函数和三角函数之间的关系,建立了系统的复数理论,并开始把它们应用到水力学和制图学上.

以复数为自变量的函数称为复变函数,与之相关的理论称为复变函数论.为复变函数论的创建做了最早期工作的是瑞士数学家欧拉、法国数学家达朗贝尔(D'Alembert)和拉普拉斯(Laplace);随后,法国数学家柯西(Cauchy)和德国数学家黎曼(Riemann)、维尔斯特拉斯(Weierstrass)为这门学科的发展做了大量奠基工作.

复变函数论的全面发展是在 19 世纪. 就像微积分的直接扩展统治了 18 世纪的数学那样,复变函数论统治了 19 世纪的数学,当时的数学家们公认复变函数论是最丰饶的数学分支,称赞它是抽象科学中最和谐的理论之一. 20 世纪以来,复变函数理论形成了很多分支,如整函数与亚纯函数理论、解析函数的边值问题、复变函数逼近论、黎曼曲面、单叶解析函数论等,数学家们开拓了复变函数论广阔的研究领域.

复变函数论的应用很广泛,它可以解决理论物理、弹性物理和天体力学、流体力学、电学等领域中很多复杂的计算. 例如,俄国的茹科夫斯基在设计飞机时用复变函数论解决了飞机机翼的结构问题,他在运用复变函数论解决流体力学和航空力学的问题上做出了突出贡献.

1.1　复数

1.1.1　复数的概念

定义 1.1　设 $x,y\in\mathbf{R}$,则称 $z=x+\mathrm{i}y$ 为复数,其中 $\mathrm{i}=\sqrt{-1}$ 是虚数单位.

x 称为复数 z 的**实部**,记作 $x=\mathrm{Re}(z)$;y 称为复数 z 的**虚部**,记作 $y=\mathrm{Im}(z)$. 当 $y=0$ 时,$z=x$ 即为实数;当 $x=0$ 时,$z=\mathrm{i}y$,称之为**纯虚数**.

若记 $z=x+\mathrm{i}y$,称 $x-\mathrm{i}y$ 为 z 的共轭复数,记作 $\bar{z}$.

设 $z_1=x_1+\mathrm{i}y_1$ 与 $z_2=x_2+\mathrm{i}y_2$ 是两个复数,如果 $x_1=x_2,y_1=y_2$,则称 z_1 与 z_2 **相等**.

1.1.2　复数的表示法

1. 复平面与复数的几何表示

复数 $z=x+\mathrm{i}y(x,y\in\mathbf{R})$ 由一对有序实数 (x,y) 唯一确定,即可用横坐标为 x、纵坐标为 y 的点 (x,y) 来表示复数 $z=x+\mathrm{i}y$,如图 1-1 所示. 其中,x 轴称为**实轴**,y 轴称为**虚轴**,实轴和虚轴决定的平面称为**复平面**或 z **平面**.

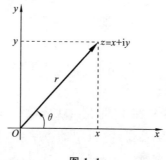

图 1-1

在复平面上,复数 z 与从原点指向点 z 的平面向量一一对应,所以复数 z 也可看作复平面内的向量. 向量的长度称为 z 的**模**,记为 $|z|$ 或 r,即

$$|z|=r=\sqrt{x^2+y^2}.$$

以正实轴为始边,以 $z(z\neq0)$ 所对应的向量为终边的角称为复数 z 的**辐角**,记为 $\mathrm{Arg}z$. 当 $z=0$ 时,规定任意角为它的辐角.

当 $z \neq 0$ 时,辐角是多值的,这些值之间相差 2π 的整数倍. 在 $(-\pi, \pi]$ 之间的辐角称为 z 的**主辐角**(或主值),记为 $\arg z$. 于是

$$\mathrm{Arg}z = \arg z + 2k\pi \quad (k=0, \pm 1, \cdots).\tag{1-1}$$

$\arg z$ 可由反正切 $\arctan \dfrac{y}{x}$ 的值按如下关系确定,如图 1-2 所示.

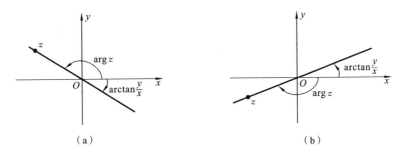

（a）　　　　　　　　　　　　　（b）

图 1-2

当 $z \neq 0$ 时,我们有

$$\arg z = \begin{cases} \arctan \dfrac{y}{x}, & x > 0, y \text{ 为任意实数}; \\[2mm] \dfrac{\pi}{2}, & x = 0, y > 0; \\[2mm] \arctan \dfrac{y}{x} + \pi, & x < 0, y \geqslant 0; \\[2mm] \arctan \dfrac{y}{x} - \pi, & x < 0, y < 0; \\[2mm] -\dfrac{\pi}{2}, & x = 0, y < 0. \end{cases}$$

例 1.1　计算下列复数的辐角:

(1) $z = 2 - 2i$;　　(2) $z = -3 + 4i$.

解　(1) $\qquad \arg z = \arctan \dfrac{-2}{2} = \arctan(-1) = -\dfrac{\pi}{4}$,

$$\mathrm{Arg}z = -\dfrac{\pi}{4} + 2k\pi \quad (k=0, \pm 1, \cdots);$$

(2) $\qquad \arg z = \arctan \dfrac{4}{-3} + \pi = -\arctan \dfrac{4}{3} + \pi$,

$$\mathrm{Arg}z = -\arctan \dfrac{4}{3} + \pi + 2k\pi \quad (k=0, \pm 1, \cdots).$$

2. 复数的三角表示和指数表示

如图 1-1 所示,非零的复数 z 也可用复数的模和辐角来表示,即

$$z = x + \mathrm{i}y = r\left(\frac{x}{r} + \mathrm{i}\,\frac{y}{r}\right) = r(\cos\theta + \mathrm{i}\sin\theta) \tag{1-2}$$

称为复数 z 的**三角形式**.

由**欧拉公式**

$$\mathrm{e}^{\mathrm{i}\theta} = \cos\theta + \mathrm{i}\sin\theta,$$

可得

$$z = r(\cos\theta + \mathrm{i}\sin\theta) = r\mathrm{e}^{\mathrm{i}\theta}. \tag{1-3}$$

$z = r\mathrm{e}^{\mathrm{i}\theta}$ 称为复数 z 的**指数形式**. 相应地,$z = x + \mathrm{i}y$ 称为复数的**代数形式**.

例 1.2　将 $z = -1 + \sqrt{3}\mathrm{i}$ 化为三角形式与指数形式.

解　　　　　　　　　$r = |z| = \sqrt{(-1)^2 + (\sqrt{3})^2} = 2.$

由于 $z = -1 + \sqrt{3}\mathrm{i}$ 在第二象限,则

$$\tan\theta = -\sqrt{3}, \quad \theta = \frac{2\pi}{3},$$

所以,z 的三角形式为

$$z = 2\left(\cos\frac{2}{3}\pi + \mathrm{i}\sin\frac{2}{3}\pi\right),$$

z 的指数形式为

$$z = 2\mathrm{e}^{\frac{2\pi}{3}\mathrm{i}}.$$

1.1.3　复数的运算

设　　　　　　　　　$z = x + \mathrm{i}y,$

$$z_1 = x_1 + \mathrm{i}y_1 = r_1\mathrm{e}^{\mathrm{i}\theta_1} = r_1(\cos\theta_1 + \mathrm{i}\sin\theta_1),$$

$$z_2 = x_2 + \mathrm{i}y_2 = r_2\mathrm{e}^{\mathrm{i}\theta_2} = r_2(\cos\theta_2 + \mathrm{i}\sin\theta_2),$$

复数的运算规则如下.

1. 复数的加法和减法

两个复数相加减,对应于实部相加减和虚部相加减,即

$$z_1 \pm z_2 = (x_1 \pm x_2) + \mathrm{i}(y_1 \pm y_2). \tag{1-4}$$

复数加减法的几何表示:由于复数可以用向量表示,所以复数的加减法与向量的加减法一致,满足**平行四边形法则**和**三角形法则**,如图 1-3 和图 1-4 所示.

2. 复数的乘法

两个复数相乘遵循多项式的**乘法法则**,即

图 1-3

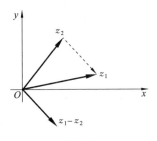

图 1-4

$$z_1 z_2 = (x_1 + iy_1)(x_2 + iy_2) = (x_1 x_2 - y_1 y_2) + i(x_2 y_1 + x_1 y_2) \tag{1-5}$$

或

$$z_1 z_2 = r_1 r_2 [\cos(\theta_1 + \theta_2) + i\sin(\theta_1 + \theta_2)] = r_1 r_2 e^{i(\theta_1 + \theta_2)}. \tag{1-6}$$

显然,

$$\begin{cases} |z_1 z_2| = |z_1| |z_2|, \\ \text{Arg}(z_1 z_2) = \text{Arg} z_1 + \text{Arg} z_2. \end{cases} \tag{1-7}$$

复数乘法的几何表示:复数 z_1 与 z_2 的乘积在几何上相当于把向量 z_1 旋转 $\theta_2(\theta_2 > 0$ 时,沿逆时针旋转),然后再伸长$(r_2 > 1)$或缩短$(r_2 < 1)r_2$ 倍,如图 1-5 所示.

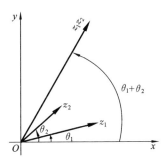

图 1-5

3. 复数的除法

$$\frac{z_1}{z_2} = \frac{x_1 + iy_1}{x_2 + iy_2} = \frac{(x_1 x_2 + y_1 y_2) + i(x_2 y_1 - x_1 y_2)}{x_2^2 + y_2^2} \quad (z_2 \neq 0) \tag{1-8}$$

或

$$\frac{z_1}{z_2} = \frac{z_1}{z_2} \frac{\overline{z_2}}{\overline{z_2}} = \frac{r_1}{r_2} [\cos(\theta_1 - \theta_2) + i\sin(\theta_1 - \theta_2)] = \frac{r_1}{r_2} e^{i(\theta_1 - \theta_2)}. \tag{1-9}$$

显然,

$$\left| \frac{z_1}{z_2} \right| = \frac{|z_1|}{|z_2|}, \quad \text{Arg}\left(\frac{z_1}{z_2}\right) = \text{Arg} z_1 - \text{Arg} z_2.$$

复数除法的几何表示:复数 z_1 与 z_2 的商在几何上相当于把向量 z_1 旋转 θ_2

($\theta_2 > 0$ 时,沿顺时针旋转),然后再伸长($r_2 < 1$)或缩短($r_2 > 1$)$\dfrac{1}{r_2}$倍,如图1-6所示.

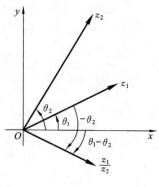

图 1-6

与实数的四则运算一样,复数的加法、乘法运算也满足交换律、结合律和分配律.另外,共轭复数有以下运算性质:

(1) $\overline{z_1 \pm z_2} = \bar{z}_1 \pm \bar{z}_2$;

(2) $\overline{z_1 z_2} = \bar{z}_1 \bar{z}_2$;

(3) $\left(\overline{\dfrac{z_1}{z_2}}\right) = \dfrac{\bar{z}_1}{\bar{z}_2}$　($z_2 \neq 0$);

(4) $z\bar{z} = |z|^2 = r^2 = x^2 + y^2$.

例 1.3　(1) 设 $z_1 = 1 + \sqrt{3}\mathrm{i}$,$z_2 = -\sqrt{3} - \mathrm{i}$,写出 z_1,z_2 的三角表示式,并计算 $z_1 z_2$ 和 $\dfrac{z_1}{z_2}$;

(2) $z = \dfrac{2+\mathrm{i}}{\mathrm{i}} - \dfrac{2\mathrm{i}}{1-\mathrm{i}}$,求 $\mathrm{Re}(z)$、$\mathrm{Im}(z)$和$z\bar{z}$.

解　(1) 因为

$$z_1 = 1 + \sqrt{3}\mathrm{i} = 2\left(\cos \frac{\pi}{3} + \mathrm{i}\sin \frac{\pi}{3}\right),$$

$$z_2 = -\sqrt{3} - \mathrm{i} = 2\left[\cos\left(-\frac{5}{6}\pi\right) + \mathrm{i}\sin\left(-\frac{5}{6}\pi\right)\right],$$

所以

$$z_1 z_2 = (1+\sqrt{3}\mathrm{i})(-\sqrt{3} - \mathrm{i}) = 4\left[\cos\left(-\frac{\pi}{2}\right) + \mathrm{i}\sin\left(-\frac{\pi}{2}\right)\right] = -4\mathrm{i},$$

$$\frac{z_1}{z_2} = \frac{1+\sqrt{3}\mathrm{i}}{-\sqrt{3} - \mathrm{i}} = \cos\left(\frac{7}{6}\pi\right) + \mathrm{i}\sin\left(\frac{7}{6}\pi\right) = -\cos\frac{\pi}{6} - \mathrm{i}\sin\frac{\pi}{6} = -\frac{\sqrt{3}}{2} - \frac{\mathrm{i}}{2}.$$

（2）因为

$$z = \frac{2+i}{i} - \frac{2i}{1-i} = \frac{(2+i)(-i)}{i(-i)} - \frac{2i(1+i)}{(1-i)(1+i)}$$

$$= -2i + 1 - \frac{2i(1+i)}{2}$$

$$= -2i + 1 - i + 1 = 2 - 3i,$$

所以

$$Re(z) = 2, \quad Im(z) = -3,$$
$$z\bar{z} = (2-3i)(2+3i) = 2^2 + 3^2 = 13.$$

4. 复数的乘幂

n 个相同的复数 z 的乘积称为 z 的 **n 次方幂**,记为 z^n,即

$$z^n = \overbrace{z \cdot z \cdot \cdots \cdot z}^{n\uparrow}.$$

设 $z = re^{i\theta} = r(\cos\theta + i\sin\theta)$,则

$$z^n = r^n e^{in\theta} = r^n(\cos n\theta + i\sin n\theta). \tag{1-10}$$

特别地,当 $r=1$ 时,有**棣莫弗**(De Moivre)**公式**

$$(\cos\theta + i\sin\theta)^n = \cos n\theta + i\sin n\theta. \tag{1-11}$$

5. 复数的方根

将满足方程 $w^n = z(n \geqslant 2$ 且 $z \neq 0)$ 的复数 w 称为 z 的 **n 次方根**,记作 $w = \sqrt[n]{z}$.

令 $w = \rho e^{i\varphi}$,则有 $\rho^n e^{in\varphi} = z = re^{i\theta}$,从而

$$\rho^n = r, \quad n\varphi = \theta + 2k\pi \quad (k = 0, \pm 1, \cdots),$$

所以有

$$\rho = \sqrt[n]{r}, \quad \varphi = \frac{\theta + 2k\pi}{n}.$$

于是

$$w = \sqrt[n]{r} e^{i\frac{\theta+2k\pi}{n}} = \sqrt[n]{r}\left(\cos\frac{\theta+2k\pi}{n} + i\sin\frac{\theta+2k\pi}{n}\right) \quad (k = 0, \pm 1, \cdots). \tag{1-12}$$

当 $k = 0, 1, 2, \cdots, n-1$ 时,w 有互不相同的 n 个值 $w_0, w_1, \cdots, w_{n-1}$,它们的模相同,相邻两个值的辐角均相差 $\frac{2k\pi}{n}$,当 k 取其他值时,必与 $w_0, w_1, \cdots, w_{n-1}$ 中的某一个值重合. 这样,复数的 n 次方根有且仅有 n 个互不相同的值,这些值在复平面上均匀分布在以原点为中心、以 $\rho = \sqrt[n]{r}$ 为半径的圆周上. 以 $n = 3$ 为例作图1-7 (a),以 $n = 6$ 为例作图 1-7(b).

例 1.4　求 $\sqrt[4]{1+i}$ 的所有值.

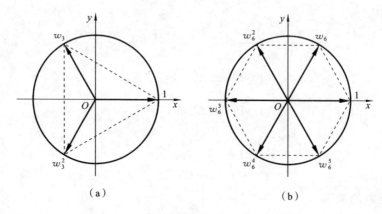

（a）　　　　　　　　　　　　　　　（b）

图 1-7

解　由于 $1+i=\sqrt{2}\left(\cos\dfrac{\pi}{4}+i\sin\dfrac{\pi}{4}\right)$，所以有

$$\sqrt[4]{1+i}=\sqrt[8]{2}\left[\cos\frac{1}{4}\left(\frac{\pi}{4}+2k\pi\right)+i\sin\frac{1}{4}\left(\frac{\pi}{4}+2k\pi\right)\right],$$

$$\sqrt[4]{1+i}=\sqrt[8]{2}\left[\cos\left(\frac{\pi}{16}+\frac{k\pi}{2}\right)+i\sin\left(\frac{\pi}{16}+\frac{k\pi}{2}\right)\right],$$

其中 $k=0,1,2,3$.

*1.1.4　复球面

除用平面内的点或向量来表示复数外,还可用球面上的点来表示复数. 具体方法如下.

作一个与复平面相切于坐标原点的球面,记切点为 S(与原点 O 重合,如图 1-8 所示). 过点 S 作垂直于复平面的直线与球面相交于 N 点, N 和 S 分别称为该球面的北极和南极.

图 1-8

对于复平面内的任意一点 Q,过 N 和 Q 作直线,则它与该球面的另一交点是唯一的,记作点 P. 从而建立了复平面上点 Q 与球面上点 P 的一一对应关系,即球面上的点除了北极外与复数一一对应.

当点 z 在复平面上沿任意方向无限远离坐标原点(即 $|z| \to \infty$)时,球面上的对应点 P 就无限接近于北极 N. 为使复平面(或复数)与球面上的点都能一一对应起来,不妨将复平面上沿不同方向无限远离坐标原点的极限点"看作一个点",且称这个点为复平面上的无穷远点,记它及其对应的复数为 ∞,则球面上的北极 N 就是它的几何表示. 从而,球面上的每个点就有唯一的复数与之对应,这样的球面称为**复球面**或**黎曼球面**.

包含无穷远点的复平面称为**扩充复平面**,而不包含无穷远点的复平面称为**有限复平面**(或简称**复平面**). 今后如无特殊声明,复平面都指有限复平面,复数 z 都指有限复数.

可见,复球面的优越性就在于它能将扩充复平面内的无穷远点明显地表示出来,这为许多实际问题的讨论带来了方便. 例如,在分析地形对雷达覆盖的遮挡中,需要考虑地球表面及大气层折射的影响,基于复球面映射的表征与分析能够合理描述实际天空中的大气偏振模式分布等.

1.2　复变函数

1.2.1　区域

1. 平面点集的几个概念

定义 1.2　由不等式 $|z - z_0| < \delta$ 所确定的平面点集,即以 z_0 为中心、δ 为半径的圆周的内部,称为点 z_0 的 **δ 邻域**;由不等式 $0 < |z - z_0| < \delta$ 所确定的点集称为**点 z_0 的去心 δ 邻域**,如图 1-9 所示.

对于点集 E 和平面上一点 z_0,若存在 z_0 的一个 δ 邻域,该邻域内任一点都属于 E,则称 z_0 为 E 的**内点**;若对于 z_0 的任意一个邻域,既有属于 E 的点,又有不属于 E 的点,则称 z_0 为 E 的**边界点**;否则,称 z_0 为 E 的**外点**. 所有 E 的边界点组成 E 的**边界**.

若点集 E 内的每个点都是 E 的内点,则称点集 E 为**开集**. 若存在正数 M,对于点集 E 内的任一点 z,有 $|z| \leqslant M$,则称 E 为**有界集**;否则,称 E 为**无界集**.

2. 区域及曲线

定义 1.3　如果非空点集 D 满足

图 1-9

(1) D 是一个开集；

(2) D 是连通的，即 D 中任意两点都可用属于 D 的一条折线连接，则称 D 为一个**区域**，如图 1-9 所示.

区域 D 加上它的边界构成的点集称为**闭区域**，记作 $\overline{D}$. 如果区域是有界集，则称它为**有界区域**；否则，称它为**无界区域**.

设 $x(t),y(t)$ 是关于实变量 t 的连续函数，那么由 $x=x(t),y=y(t)(a\leqslant t\leqslant b)$ 或由 $z=x(t)+iy(t)(a\leqslant t\leqslant b)$（简记为 $z=z(t)$）所构成的点集 C，称为复平面上的一条**连续曲线**. $z(a)$ 和 $z(b)$ 分别称为 C 的**起点和终点**；对于满足 $a\leqslant t_1\leqslant b,a\leqslant t_2\leqslant b,t_1\neq t_2$ 的 t_1 和 t_2，当 $z(t_1)=z(t_2)$ 时，称 $z(t_1)$ 为曲线的重点. 无重点的连续曲线，称为**简单曲线**；当 $z(a)=z(b)$ 时，称为**闭曲线**，如图 1-10 所示.

| 简单、不闭 | 简单、闭 | 不简单、不闭 | 不简单、闭 |

图 1-10

例如，$|z|=1$ 表示以原点为圆心、半径为 1 的圆；$z=t+it(0\leqslant t\leqslant 1)$ 表示从原点到点 $1+i$ 的直线段，如图 1-11 所示.

由几何的直观性可见，任意一条简单闭曲线 C 把整个复平面唯一地分成三个互不相交的点集：一个是有界区域，称为 C 的内部；一个是无界区域，称为 C 的外部；还有它们的公共边界 C.

设简单曲线（或简单闭曲线）C 的参数方程为

$$z=x(t)+iy(t)\quad(a\leqslant t\leqslant b),$$

当 $a\leqslant t\leqslant b$ 时，若 $x'(t)$ 和 $y'(t)$ 连续且不全为零，则称 C 为**光滑**（闭）**曲线**；由有限条光滑曲线连接而成的连续曲线称为**按段光滑曲线**.

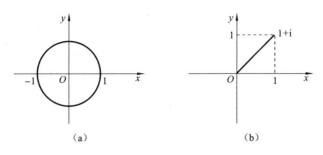

（a）　　　　　　　　　　　　　　（b）

图 1-11

　　沿着一条简单闭曲线 C 有两个相反的方向. 我们规定,当观察者沿着曲线某方向行走时,曲线所围成的区域在观察者的左侧,则该方向为曲线的正向,如图1-12 所示.

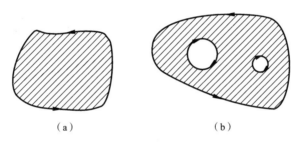

（a）　　　　　　　　　　　　　　（b）

图 1-12

　　定义 1.4　设 D 为复平面上的一个区域,如果在 D 内任作一条简单闭曲线,而曲线的内部总属于 D,则称 D 是**单连通区域**,如图 1-12(a) 所示;非单连通的区域称为**多连通区域**,如图 1-12(b) 所示.

1.2.2　复变函数的概念

　　定义 1.5　设 E 是复平面上的点集,若对 E 内任意一点 $z=x+\mathrm{i}y$,按照一定规则,都有一个(或多个)确定的复数 $w=u+\mathrm{i}v$ 与之对应,则称 w 是复变量 z 的**复变函数**,记作

$$w=f(z). \tag{1-13}$$

　　点集 E 称为函数的**定义域**,w 取值的全体 G 称为函数的**值域**,即 $G=f(E)$.若 E 内的每一点 z 对应唯一的函数值 w,则称函数 $f(z)$ 为**单值函数**;若 E 内的每一点 z 对应两个或两个以上的函数值,则称函数 $f(z)$ 为**多值函数**. 例如,$f(z)=z^2$,$f(z)=\bar{z}$ 是单值函数;$f(z)=z^{+}$,$f(z)=\mathrm{Arg}z$ 是多值函数.

　　在复变函数中,如无特别说明,所讨论的函数均为单值函数.

设 $z=x+\mathrm{i}y$，$w=u+\mathrm{i}v$，于是

$$w=f(z)=f(x+\mathrm{i}y)=u(x,y)+\mathrm{i}v(x,y)，\qquad(1\text{-}14)$$

所以，复变函数 w 与自变量 z 之间的关系 $w=f(z)$ 相当于两个实二元函数

$$u=u(x,y)，\quad v=v(x,y).$$

若用 z 平面上的点表示自变量 z 的值，用 w 平面上的点表示函数 w 的值，则函数 $w=f(z)$ 在几何上可看作是将 z 平面上的一个点集 E(定义域)变到 w 平面上的一个点集 G(值域)的**映射**(或**变换**)，简称为由函数 $w=f(z)$ 所构成的映射. 如果 E 中的点 z 被映射 $w=f(z)$ 映射成 G 中的点 w，那么 w 称为 z 的**象**(**映象**)，而 z 称为 w 的**原象**.

例如，函数 $w=\bar{z}$ 所构成的映射，把 z 平面上的点 $z=a+\mathrm{i}b$ 映射到 w 平面上的点 $w=a-\mathrm{i}b$. 若 $z_1=4+5\mathrm{i}$，则映射成 $w_1=4-5\mathrm{i}$；若 $z_2=1-2\mathrm{i}$，则映射成 $w_2=1+2\mathrm{i}$.

例 1.5 函数 $w=z^2$ 把 z 平面上的双曲线 $x^2-y^2=2$，$xy=1$ 映射成 w 平面上的什么图形？

解 设 $z=x+\mathrm{i}y$，$w=u+\mathrm{i}v$，则 $w=z^2$ 对应两个实函数

$$u=x^2-y^2，\quad v=2xy，$$

所以 z 平面上的双曲线 $x^2-y^2=2$ 的象为 w 平面的直线 $u=2$，如图 1-13 所示. z 平面上的双曲线 $xy=1$ 的象为 w 平面的直线 $v=2$.

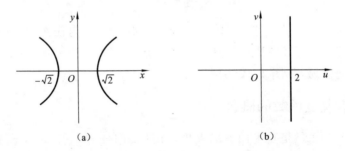

(a)

(b)

图 1-13

1.2.3 复变函数的极限及连续性

1. 复变函数的极限

定义 1.6 设函数 $w=f(z)$ 在 z_0 的某个去心邻域 $0<|z-z_0|<\rho$ 内有定义，若存在常数 A，对于任意给定的 $\varepsilon>0$，总存在 $\delta>0$，使得当 $0<|z-z_0|<\delta$ 时，有 $|f(z)-A|<\varepsilon$，则称 A 为函数 $f(z)$ 当 z 趋于 z_0 时的**极限**，记作

$$\lim_{z \to z_0} f(z) = A \quad \text{或} \quad f(z) \to A \quad (z \to z_0).$$

定义中 z 趋于 z_0 的方向是任意的,即无论 z 从何方向、以何种方式趋向于 z_0,$f(z)$ 都趋向于同一个常数 A.

复变函数的极限能够转化为两个二元实函数的极限,二元实函数极限的和、差、积、商等性质可以推广到复变函数.

定理 1.1　设
$$f(z) = u(x,y) + \mathrm{i}v(x,y), \quad A = u_0 + \mathrm{i}v_0, \quad z_0 = x_0 + \mathrm{i}y_0,$$
则 $\lim\limits_{z \to z_0} f(z) = A$ 的充要条件是
$$\lim_{\substack{x \to x_0 \\ y \to y_0}} u(x,y) = u_0, \quad \lim_{\substack{x \to x_0 \\ y \to y_0}} v(x,y) = v_0.$$

根据定理 1.1,不难证明复变函数极限的四则运算法则.

若 $\lim\limits_{z \to z_0} f(z) = A, \lim\limits_{z \to z_0} g(z) = B$,则有

(1) $\lim\limits_{z \to z_0} [f(z) \pm g(z)] = A \pm B$;

(2) $\lim\limits_{z \to z_0} f(z)g(z) = AB$;

(3) $\lim\limits_{z \to z_0} \dfrac{f(z)}{g(z)} = \dfrac{A}{B} (B \neq 0)$.

例 1.6　求 $\lim\limits_{z \to 1+\mathrm{i}} \dfrac{\bar{z}}{z}$.

解　设 $z = x + \mathrm{i}y$,则
$$\frac{\bar{z}}{z} = \frac{x - \mathrm{i}y}{x + \mathrm{i}y} = \frac{(x - \mathrm{i}y)(x - \mathrm{i}y)}{(x + \mathrm{i}y)(x - \mathrm{i}y)} = \frac{x^2 - y^2}{x^2 + y^2} - \mathrm{i}\frac{2xy}{x^2 + y^2},$$
由定理 1.1,有
$$\lim_{z \to 1+\mathrm{i}} \frac{\bar{z}}{z} = \lim_{\substack{x \to 1 \\ y \to 1}} \frac{x^2 - y^2}{x^2 + y^2} - \mathrm{i} \lim_{\substack{x \to 1 \\ y \to 1}} \frac{2xy}{x^2 + y^2} = 0 - \mathrm{i} = -\mathrm{i}.$$

2. 复变函数的连续性

定义 1.7　设函数 $f(z)$ 在点 z_0 的某个邻域内有定义,若
$$\lim_{z \to z_0} f(z) = f(z_0),$$
则称 $f(z)$ 在点 z_0 处**连续**. 若 $f(z)$ 在区域 D 内处处连续,则称 $f(z)$ 在**区域 D 内连续**.

由定义 1.7 和定理 1.1,可得如下定理.

定理 1.2(连续的充要条件)　函数 $f(z) = u(x,y) + \mathrm{i}v(x,y)$ 在点 $z_0 = x_0 + \mathrm{i}y_0$ 处连续的充分必要条件是 $u(x,y)$ 和 $v(x,y)$ 在点 (x_0, y_0) 处连续;函数 $f(z)$ 在区域 D 内连续的充分必要条件是 $u(x,y)$ 和 $v(x,y)$ 在区域 D 内连续.

例 1.7　设
$$f(z)=x^2+y^2+\mathrm{i}(x^2-y^2),$$
证明 $f(z)$ 在 z 平面上处处连续.

　　证明　　　　　　　　$f(z)=x^2+y^2+\mathrm{i}(x^2-y^2),$

则　　　　　　　　$u(x,y)=x^2+y^2,\quad v=(x,y)=x^2-y^2.$

　　由于 $u(x,y)$ 和 $v(x,y)$ 在 z 平面上处处连续,由定理 1.2 可知,$f(z)$ 在 z 平面上处处连续.

　　复变函数的连续性与实变函数的连续性类似,具有如下性质:

　　若函数 $f(z),g(z)$ 在点 z_0 处连续,则

　　(1) $f(z)\pm g(z),f(z)g(z),\dfrac{f(z)}{g(z)}(g(z_0)\neq0)$ 在点 z_0 处连续;

　　(2) 若函数 $h=g(z)$ 在点 z_0 处连续,函数 $w=f(h)$ 在 $h_0=g(z_0)$ 处连续,那么复合函数 $w=f[g(z)]$ 在点 z_0 处连续.

　　由上述性质可知,多项式函数
$$P(z)=a_0+a_1z+\cdots+a_nz^n$$
在整个复平面内都连续,而有理函数
$$w=\frac{a_0+a_1z+\cdots+a_nz^n}{b_0+b_1z+\cdots+b_mz^m}$$
在复平面上使分母不为 0 的点处也连续.

1.2.4　复变函数的导数与微分

1. 导数的定义

　　定义 1.8　设函数 $w=f(z)$ 在点 z_0 的某邻域内有定义,$z_0+\Delta z$ 为该邻域内的任一点,若极限
$$\lim_{\Delta z\to0}\frac{f(z_0+\Delta z)-f(z_0)}{\Delta z}$$
存在,则称 $f(z)$ 在点 z_0 处**可导**.极限的值称为 $f(z)$ 在点 z_0 处的**导数**,记作
$$f'(z_0)=\frac{\mathrm{d}w}{\mathrm{d}z}\bigg|_{z=z_0}=\lim_{\Delta z\to0}\frac{f(z_0+\Delta z)-f(z_0)}{\Delta z}. \tag{1-15}$$

　　$f(z)$ 在点 z_0 处的导数也可表示为
$$f'(z_0)=\lim_{z\to z_0}\frac{f(z)-f(z_0)}{z-z_0}. \tag{1-16}$$

　　函数 $w=f(z)$ 在任意点 z 处的导数为
$$f'(z)=\lim_{\Delta z\to0}\frac{f(z+\Delta z)-f(z)}{\Delta z}. \tag{1-17}$$

例 1.8　求 $f(z) = z^2$ 的导数.

解　因为

$$\lim_{\Delta z \to 0} \frac{f(z+\Delta z) - f(z)}{\Delta z} = \lim_{\Delta z \to 0} \frac{(z+\Delta z)^2 - z^2}{\Delta z} = \lim_{\Delta z \to 0} (2z + \Delta z) = 2z,$$

所以

$$f'(z) = 2z.$$

一般地,当 n 为正整数时,有 $(z^n)' = nz^{n-1}$;当 C 为复常数时,有 $(C)' = 0$.

2. 可导与连续的关系

若函数 $f(z)$ 在点 z_0 处可导,则 $f(z)$ 在点 z_0 处一定连续;反之,若函数 $f(z)$ 在点 z_0 处连续,$f(z)$ 在点 z_0 处却不一定可导.

3. 复变函数的求导法则

复变函数中导数的定义与实变函数中导数的定义在形式上完全一致,它们的求导法则在形式上也完全一致.

(1) $[f(z) \pm g(z)]' = f'(z) \pm g'(z)$.

(2) $[f(z)g(z)]' = f'(z)g(z) + f(z)g'(z)$.

(3) $\left[\dfrac{f(z)}{g(z)}\right]' = \dfrac{f'(z)g(z) - f(z)g'(z)}{g^2(z)}$,其中 $g(z) \neq 0$.

(4) 复合函数求导法则

若函数 $h = f(w)$,$w = g(z)$ 分别在区域 G 和 D 内可导,且 $w = g(z)$ 将 D 映射为 D^*,使 $D^* \subset G$,则复合函数 $h = f[g(z)]$ 在 D 内可导,且有

$$\{f[g(z)]\}' = f'(w)g'(z),$$

其中 $w = g(z)$.

(5) 反函数求导法则

设 $w = f(z)$ 与 $z = f^{-1}(w)$ 是互为反函数的单值可导函数,则

$$f'(z) = \frac{1}{[f^{-1}(w)]'} \quad ([f^{-1}(w)]' \neq 0).$$

例 1.9　判断函数 $g(z) = \dfrac{z}{z^2+1}$ 在哪些点可导,并求其在可导点处的导数.

解　$g(z)$ 在 $z \neq \pm i$ 的点处可导. 由复变函数的除法求导公式有

$$g'(z) = \frac{z'(1+z^2) - z(1+z^2)'}{(1+z^2)^2} = \frac{1-z^2}{(1+z^2)^2}.$$

4. 复变函数的微分

设函数 $w = f(z)$ 在点 z_0 处可导,若

$$\Delta w = f(z_0 + \Delta z) - f(z_0) = f'(z_0)\Delta z + \rho(\Delta z)\Delta z,$$

其中 $\lim_{\Delta z \to 0} \rho(\Delta z) = 0$,$|\rho(\Delta z)\Delta z|$ 是 $|\Delta z|$ 的高阶无穷小量,则称 $f'(z_0)\Delta z$ 为函数 w

$=f(z)$在点 z_0 处的**微分**,记作 dw,即

$$\mathrm{d}w = \mathrm{d}f(z)|_{z=z_0} = f'(z_0)\Delta z. \tag{1-18}$$

特别地,当 z 为自变量时,有 $\mathrm{d}z = \Delta z$,故 $\mathrm{d}w = f'(z)\mathrm{d}z$,则有 $f'(z) = \dfrac{\mathrm{d}w}{\mathrm{d}z}$. 可见,$f(z)$在点 z_0 处可导与 $f(z)$在点 z_0 处可微是等价的.

若函数 $f(z)$在区域 D 内处处可微,则称 $f(z)$在区域 D 内可微.

1.3　解析函数

1.3.1　解析函数的概念和充要条件

1. 解析函数的概念

复变函数的许多概念和定理都与实变函数相应的概念和定理类似,但也有不同的地方,有些方面差异明显. 例如,在实变函数中,$f(x)$可导并不能保证其导函数 $f'(x)$可导,但在复变函数中,如果 $f(z)$在区域 D 内存在一阶导数 $f'(z)$,则 $f(z)$的任意阶导数都存在. 这与复变函数的解析性息息相关.

定义 1.9　若复变函数 $f(z)$在点 z_0 及其邻域内处处可导,则称 $f(z)$在点 z_0 处**解析**;若 $f(z)$在区域 D 内每一点都解析,则称 $f(z)$**在区域 D 内解析**,或称 $f(z)$是区域 D 内的一个**解析函数**. 区域 D 称为 $f(z)$的**解析区域**.

若 $f(z)$在点 z_0 处不解析,则称 z_0 为 $f(z)$的一个**奇点**.

例如,$f(z) = z^2$ 是复平面内的解析函数,$f(z) = \dfrac{2z}{1-z}$是复平面上去掉 $z=1$ 的多连通区域内的解析函数.

由解析的定义可知,函数在一点解析,则必在该点可导;反之,函数在一点可导,却不一定在该点解析. 但是,函数在区域内解析和可导是等价的.

例 1.10　讨论函数 $f(z) = \dfrac{1}{z}$的解析性.

解　由于 $f(z)$在复平面内除了点 $z=0$ 外都可导,且

$$\frac{\mathrm{d}w}{\mathrm{d}z} = f'(z) = -\frac{1}{z^2},$$

所以在复平面内除了奇点 $z=0$ 外,函数 $f(z) = \dfrac{1}{z}$处处解析.

例 1.11　讨论函数 $f(z) = |z|^2$ 的解析性.

解　由于

$$\frac{f(z+\Delta z)-f(z)}{\Delta z}=\frac{|z+\Delta z|^{2}-|z|^{2}}{\Delta z}$$

$$=\frac{(z+\Delta z)(\bar{z}+\overline{\Delta z})-z\bar{z}}{\Delta z}$$

$$=\bar{z}+\overline{\Delta z}+\frac{z\,\overline{\Delta z}}{\Delta z},$$

若 $z=0$，则 $\lim\limits_{\Delta z\to0}\dfrac{f(z+\Delta z)-f(z)}{\Delta z}=\lim\limits_{\Delta z\to0}\overline{\Delta z}=0$；

若 $z\neq0$，则 $\lim\limits_{\Delta z\to0}\dfrac{\overline{\Delta z}}{\Delta z}=\lim\limits_{\substack{\Delta x\to0\\\Delta y\to0}}\dfrac{\Delta x-\mathrm{i}\Delta y}{\Delta x+\mathrm{i}\Delta y}$ 不存在，故 $\lim\limits_{\Delta z\to0}\left(\bar{z}+\overline{\Delta z}+\dfrac{z\,\overline{\Delta z}}{\Delta z}\right)$ 不存在，即

$\lim\limits_{\Delta z\to0}\dfrac{f(z+\Delta z)-f(z)}{\Delta z}$ 不存在.

于是函数 $f(z)=|z|^{2}$ 仅在点 $z=0$ 处可导，在其他点处都不可导，即函数 $f(z)=|z|^{2}$ 在复平面内处处不解析.

复变函数的求导法则与实变函数类似，不难得到定理 1.3.

定理 1.3　（1）如果函数 $f(z)$、$g(z)$ 在区域 D 内解析，那么函数 $f(z)\pm g(z)$，$f(z)g(z)$，$\dfrac{f(z)}{g(z)}(g(z)\neq0)$ 在区域 D 内也解析；

（2）如果函数 $h=f(w)$ 在 w 平面上的区域 G 内解析，函数 $w=g(z)$ 在 z 平面上的区域 D 内解析，且对每一个 $z\in D$，对应的 $w=g(z)\in G$，那么复合函数 $h=f[g(z)]$ 在区域 D 内解析.

2. 函数解析的充要条件

函数的解析性由它的可导性确定，因此可由函数的可导性来判别解析性，而用导数的定义来判别可导性往往比较复杂. 下面给出更简便的判别方法.

定理 1.4　设函数 $f(z)=u(x,y)+\mathrm{i}v(x,y)$ 在区域 D 内有定义，那么 $f(z)$ 在点 $z=x+\mathrm{i}y$ 处**可导**的充要条件是：在点 $z=x+\mathrm{i}y$ 处，$u(x,y)$ 及 $v(x,y)$ 可微，并且满足

$$\begin{cases}\dfrac{\partial u}{\partial x}=\dfrac{\partial v}{\partial y},\\[2mm]\dfrac{\partial u}{\partial y}=-\dfrac{\partial v}{\partial x}.\end{cases}\tag{1-19}$$

方程(1-19)称为**柯西-黎曼方程**.

*　**证明**　必要性. 设

$$f(z)=u(x,y)+\mathrm{i}v(x,y)$$

在点 $z=x+\mathrm{i}y\in D$ 处有导数 $\alpha=a+bi$，其中 a 及 b 为实数. 根据导数的定义知，当

$z+\Delta z \in D(\Delta z \neq 0)$时,有

$$f(z+\Delta z)-f(z)=\alpha \Delta z+\rho(\Delta z)\Delta z$$
$$=(a+ib)(\Delta x+i\Delta y)+\rho(\Delta z)\Delta z \qquad (1\text{-}20)$$

其中 $\Delta z=\Delta x+i\Delta y, \lim\limits_{\Delta z \to 0}\rho(\Delta z)=0.$ 令

$$f(z+\Delta z)-f(z)=\Delta u+i\Delta v,$$
$$\rho(\Delta z)=\rho_1+i\rho_2,$$

则由上式可得

$$\Delta u+i\Delta v=(a\Delta x-b\Delta y+\rho_1\Delta x-\rho_2\Delta y)+i(a\Delta y+b\Delta x+\rho_1\Delta y+\rho_2\Delta x),$$

从而有

$$\Delta u=a\Delta x-b\Delta y+\rho_1\Delta x-\rho_2\Delta y, \qquad (1\text{-}21)$$
$$\Delta v=a\Delta y+b\Delta x+\rho_1\Delta y+\rho_2\Delta x. \qquad (1\text{-}22)$$

又因为$\lim\limits_{\Delta z \to 0}\rho(\Delta z)=0$,所以$\lim\limits_{\substack{\Delta x \to 0 \\ \Delta y \to 0}}\rho_1=0,\lim\limits_{\substack{\Delta x \to 0 \\ \Delta y \to 0}}\rho_2=0$,由此可知 $u(x,y)$ 及 $v(x,y)$ 可微,

并且满足

$$\frac{\partial u}{\partial x}=a, \quad \frac{\partial u}{\partial y}=-b, \quad \frac{\partial v}{\partial x}=b, \quad \frac{\partial v}{\partial y}=a,$$

即

$$\frac{\partial u}{\partial x}=\frac{\partial v}{\partial y}, \quad \frac{\partial u}{\partial y}=-\frac{\partial v}{\partial x}.$$

充分性. 由于 $u(x,y)$ 及 $v(x,y)$ 在点 $z=x+iy$ 可微,式(1-19)成立,则有式(1-21)、式(1-22)成立.将式(1-22)等号两边同时乘以 i,得

$$i\Delta v=ia\Delta y+ib\Delta x+i\rho_1\Delta y+i\rho_2\Delta x. \qquad (1\text{-}23)$$

将式(1-23)与式(1-21)等号两边分别相加,得式(1-20),即证 $f(z)$ 在点 $z=x+iy$ 处有导数 $f'(z)=a+bi.$ 由证明中可得

$$f'(z)=\frac{\partial u}{\partial x}+i\frac{\partial v}{\partial x}=\frac{\partial v}{\partial y}-i\frac{\partial u}{\partial y}.$$

由定理 1.4 及函数解析的定义还可推出以下定理.

定理 1.5 设函数

$$f(z)=u(x,y)+iv(x,y)$$

在区域 D 内有定义,那么 $f(z)$ 在**区域 D 内解析的充要条件**是:$u(x,y)$ 及 $v(x,y)$ 在区域 D 内可微,并且满足

$$\frac{\partial u}{\partial x}=\frac{\partial v}{\partial y}, \quad \frac{\partial u}{\partial y}=-\frac{\partial v}{\partial x}.$$

由定理 1.4、定理 1.5 可推出解析函数的导数公式:

$$f'(z)=\frac{\partial u}{\partial x}+i\frac{\partial v}{\partial x}=\frac{\partial v}{\partial y}+i\frac{\partial v}{\partial x}$$

$$=\frac{\partial u}{\partial x}-\mathrm{i}\frac{\partial u}{\partial y}=\frac{\partial v}{\partial y}-\mathrm{i}\frac{\partial u}{\partial y}.$$

例 1.12　讨论函数 $f(z)=2x(1-y)+\mathrm{i}(x^2-y^2+2y)$ 的解析性.

解　设 $u=2x(1-y)$，$v=x^2-y^2+2y$，由于

$$\frac{\partial u}{\partial x}=2(1-y)=\frac{\partial v}{\partial y},$$

$$\frac{\partial u}{\partial y}=-2x=-\frac{\partial v}{\partial x},$$

且上面四个一阶偏导数都是连续的，故 $f(z)=2x(1-y)+\mathrm{i}(x^2-y^2+2y)$ 在复平面内处处解析.

例 1.13　证明函数 $f(z)=\mathrm{e}^x(\cos y+\mathrm{i}\sin y)$ 在整个复平面上处处解析，并且 $f'(z)=f(z)$.

证明　由于 $u=\mathrm{e}^x\cos y$，$v=\mathrm{e}^x\sin y$，可得

$$\frac{\partial u}{\partial x}=\mathrm{e}^x\cos y,\quad \frac{\partial u}{\partial y}=-\mathrm{e}^x\sin y,$$

$$\frac{\partial v}{\partial x}=\mathrm{e}^x\sin y,\quad \frac{\partial v}{\partial y}=\mathrm{e}^x\cos y,$$

从而

$$\frac{\partial u}{\partial x}=\frac{\partial v}{\partial y},\quad \frac{\partial u}{\partial y}=-\frac{\partial v}{\partial x},$$

并且由于上面四个一阶偏导数都是连续的，所以 $f(z)$ 在复平面内处处可导，从而处处解析，并且有

$$f'(z)=\frac{\partial u}{\partial x}+\mathrm{i}\frac{\partial v}{\partial x}=\mathrm{e}^x(\cos y+\mathrm{i}\sin y)=f(z).$$

函数 $f(z)=\mathrm{e}^x(\cos y+\mathrm{i}\sin y)$ 的特点在于它的导数就是其本身，这个函数在复变函数中称为指数函数.

例 1.14　设函数

$$f(z)=x^2+axy+by^2+\mathrm{i}(cx^2+dxy+y^2),$$

问常数 a、b、c、d 取何值时，$f(z)$ 在复平面内处处解析.

解　由于

$$u=x^2+axy+by^2,\quad v=cx^2+dxy+y^2,$$

则有

$$\frac{\partial u}{\partial x}=2x+ay,\quad \frac{\partial u}{\partial y}=ax+2by,$$

$$\frac{\partial v}{\partial x}=2cx+dy,\quad \frac{\partial v}{\partial y}=dx+2y.$$

这四个偏导数都是连续的,要使 $f(z)$ 解析,只需

$$\frac{\partial u}{\partial x}=\frac{\partial v}{\partial y}, \quad \frac{\partial u}{\partial y}=-\frac{\partial v}{\partial x},$$

即

$$2x+ay=dx+2y, \quad 2cx+dy=-ax-2by,$$

所以当 $a=2,b=-1,c=-1,d=2$ 时,函数 $f(z)$ 在复平面内处处解析.

1.3.2 初等函数

1. 指数函数

定义 1.10 对于复数 $z=x+\mathrm{i}y$,定义指数函数如下:

$$w=\mathrm{e}^z=\mathrm{e}^x(\cos y+\mathrm{i}\sin y). \tag{1-24}$$

指数函数的**主要性质**如下.

(1) 对于任何复数 z,$\mathrm{e}^z\neq0$.

(2) $w=\mathrm{e}^z$ 在整个复平面内处处解析,且 $(\mathrm{e}^z)'=\mathrm{e}^z$.

(3) 当 $z=x$(x 为实数)时,$w=\mathrm{e}^z=\mathrm{e}^x$;

当 $z=\mathrm{i}y$ 时,有欧拉公式 $\mathrm{e}^{\mathrm{i}y}=\cos y+\mathrm{i}\sin y$.

(4) $|\mathrm{e}^z|=\mathrm{e}^x$,$\mathrm{Arg}(\mathrm{e}^z)=y+2k\pi$ $(k=0,\pm1,\pm2,\cdots)$.

(5) $\mathrm{e}^{z_1}\mathrm{e}^{z_2}=\mathrm{e}^{z_1+z_2}$;$(\mathrm{e}^z)^n=\mathrm{e}^{nz}$;$\dfrac{\mathrm{e}^{z_1}}{\mathrm{e}^{z_2}}=\mathrm{e}^{z_1-z_2}$.

(6) $\mathrm{e}^{z+2k\pi\mathrm{i}}=\mathrm{e}^z$,$k$ 为任一整数,这说明指数函数是以 $2\pi\mathrm{i}$ 为周期的周期函数.

可见,复变函数中的指数函数是实变函数中指数函数的扩展,大部分性质相同,也有部分性质呈现不同的特征,如周期性等. 后续的初等函数也具有如此特点.

例 1.15 计算 $\mathrm{e}^{2+\mathrm{i}}$ 及 $\mathrm{e}^{-3+\frac{\pi}{4}\mathrm{i}}$ 的值,并求它们的辐角.

解 (1)
$$\mathrm{e}^{2+\mathrm{i}}=\mathrm{e}^2(\cos1+\mathrm{i}\sin1),$$
$$\mathrm{Arg}\,\mathrm{e}^{2+\mathrm{i}}=1+2k\pi \quad (k=0,\pm1,\cdots).$$

(2) $\mathrm{e}^{-3+\frac{\pi}{4}\mathrm{i}}=\mathrm{e}^{-3}\left(\cos\dfrac{\pi}{4}+\mathrm{i}\sin\dfrac{\pi}{4}\right)=\mathrm{e}^{-3}\left(\dfrac{\sqrt{2}}{2}+\dfrac{\sqrt{2}}{2}\mathrm{i}\right)=\dfrac{\sqrt{2}}{2}\mathrm{e}^{-3}+\dfrac{\sqrt{2}}{2}\mathrm{e}^{-3}\mathrm{i}$,

$$\mathrm{Arg}\,\mathrm{e}^{-3+\frac{\pi}{4}\mathrm{i}}=\dfrac{\pi}{4}+2k\pi \quad (k=0,\pm1,\cdots).$$

2. 对数函数

定义 1.11 对数函数是指数函数的反函数.

若 $z=\mathrm{e}^w(z\neq0)$,则称 w 是 z 的**对数**,记为 $\mathrm{Ln}z$.

令 $w=u+\mathrm{i}v,z=r\mathrm{e}^{\mathrm{i}\theta}$,则

$$re^{i\theta} = e^{u+iv} = e^u e^{iv},$$

从而有 $u = \ln r, v = \theta$, 即

$$w = \text{Ln} z = \ln|z| + i\text{Arg} z. \tag{1-25}$$

式(1-25)是 z 的对数函数(其中 z 看作是不等于零的复变量). 由于 $\text{Arg} z$ 是无穷多值函数,所以 $w = \text{Ln} z$ 也是无穷多值函数.

相应于 $\text{Arg} z$ 的主值 $\arg z$,把

$$\ln|z| + i\arg z \quad (-\pi < \arg z \leqslant \pi)$$

定义为 $\text{Ln} z$ 的主值,记为 $\ln z$,即

$$\ln z = \ln|z| + i\arg z, \tag{1-26}$$

故有

$$w = \text{Ln} z = \ln z + 2k\pi i \quad (k = 0, \pm 1, \pm 2 \cdots). \tag{1-27}$$

任意给定一个 k 值,式(1-27)确定一个单值函数,称为 $\text{Ln} z$ 的一个分支. 可见,任意不等于零的复数 z 有无穷多个对数,并且任意两个值之间相差 $2\pi i$ 的整数倍.

对数函数的**主要性质**如下.

(1) $\text{Ln}(z_1 z_2) = \text{Ln} z_1 + \text{Ln} z_2$.

(2) $\text{Ln}\left(\dfrac{z_1}{z_2}\right) = \text{Ln} z_1 - \text{Ln} z_2$.

注意,等式 $\text{Ln} z^n = n\text{Ln} z, \text{Ln}\sqrt[n]{z} = \dfrac{1}{n}\text{Ln} z$ 并不成立.

(3) $\text{Ln} z$ 及其主值 $\ln z$ 都在除去原点及负实轴的复平面上解析,且

$$(\text{Ln} z)' = \frac{1}{z}, \quad (\ln z)' = \frac{1}{z}.$$

例 1.16　求 $\text{Ln} 2^2, 2\text{Ln} 2$ 的值.

解
$$\begin{aligned}
\text{Ln} 2^2 &= \ln|4| + i\arg 4 + 2k\pi i \\
&= 2\ln 2 + 2k\pi i \quad (k = 0, \pm 1, \pm 2, \cdots); \\
2\text{Ln} 2 &= 2(\ln|2| + i\arg 2 + 2k\pi i) \\
&= 2\ln 2 + 4k\pi i \quad (k = 0, \pm 1, \pm 2, \cdots).
\end{aligned}$$

可见,仅当 k 为偶数时,$\text{Ln} 2^2$ 才与 $2\text{Ln} 2$ 相等,否则 $\text{Ln} 2^2$ 在 $2\text{Ln} 2$ 中不一定能找到使两者相同的数值. 所以,在复数范围内,$\text{Ln} 2^2$ 与 $2\text{Ln} 2$ 一般是不相等的.

3. 幂函数

定义 1.12　将函数

$$w = z^a = e^{a\text{Ln} z} \quad (z \neq 0, a \text{ 为复数}) \tag{1-28}$$

称为复变量 z 的**幂函数**. 并且规定:当 a 为正实数且 $z = 0$ 时,$z^a = 0$.

由于 Lnz 是多值的,因而 $w=z^a$ 也是多值函数.

幂函数的基本性质如下.

(1) 当 $a=n$(n 为正整数)时,

$$z^n=\mathrm{e}^{n\mathrm{Ln}z}=\mathrm{e}^{n\ln|z|}\,\mathrm{e}^{in(\arg z+2k\pi)}=|z|^n\,\mathrm{e}^{in\arg z}$$

是单值函数,并且在复平面内处处解析;

当 $a=-n$ 时,$z^{-n}=\mathrm{e}^{-n\mathrm{Ln}z}=|z|^{-n}\,\mathrm{e}^{-in\arg z}$ 是单值函数,在复平面上除 $z=0$ 外处处解析.

(2) 当 a 是有理数 $\dfrac{p}{q}$(既约分数)时,$z^a=\mathrm{e}^{a\mathrm{Ln}z}$ 有 q 个不同的分支,即当 $k=0$,$1,2,\cdots,q-1$ 时所对应的值.

(3) 当 a 是无理数或虚数时,$z^a=\mathrm{e}^{a\mathrm{Ln}z}$ 有无限多个分支.

由于 Lnz 在除去原点及负实轴外的复平面上解析,因此,z^a 的每个分支也在复平面内除原点及负实轴外解析.

例 1.17　计算 $\mathrm{i}^{\frac{2}{3}}$ 及 $\sqrt[4]{1-\mathrm{i}}$.

解　(1)　$\mathrm{i}^{\frac{2}{3}}=\mathrm{e}^{\frac{2}{3}\mathrm{Ln}\,\mathrm{i}}=\mathrm{e}^{\frac{2}{3}(\ln\mathrm{i}+2k\pi\mathrm{i})}=\mathrm{e}^{\frac{2}{3}(\ln1+\mathrm{i}\arg\mathrm{i}+2k\pi\mathrm{i})}=\mathrm{e}^{\frac{2}{3}\left(\frac{\pi}{2}+2k\pi\right)\mathrm{i}}$

$$=\cos\left(\frac{\pi}{3}+\frac{4}{3}k\pi\right)+\mathrm{i}\sin\left(\frac{\pi}{3}+\frac{4}{3}k\pi\right)\quad(k=0,1,2),$$

即 $\mathrm{i}^{\frac{2}{3}}$ 的三个值分别为

$$\frac{1}{2}+\frac{\sqrt{3}}{2}\mathrm{i},\quad\frac{1}{2}-\frac{\sqrt{3}}{2}\mathrm{i},\quad-1.$$

(2)　$\sqrt[4]{1-\mathrm{i}}=\mathrm{e}^{\frac{1}{4}\mathrm{Ln}(1-\mathrm{i})}=\mathrm{e}^{\frac{1}{4}[\ln(1-\mathrm{i})+2k\pi\mathrm{i}]}=\mathrm{e}^{\frac{1}{4}[\ln\sqrt{2}+\mathrm{i}\arg(1-\mathrm{i})+2k\pi\mathrm{i}]}$

$$=\mathrm{e}^{\frac{1}{4}\left(\ln\sqrt{2}-\frac{\pi}{4}\mathrm{i}+2k\pi\mathrm{i}\right)}=\sqrt[8]{2}\,\mathrm{e}^{-\frac{\pi}{16}\mathrm{i}+\frac{1}{2}k\pi\mathrm{i}}$$

$$=\sqrt[8]{2}\left[\cos\left(-\frac{\pi}{16}+\frac{k\pi}{2}\right)+\mathrm{i}\sin\left(-\frac{\pi}{16}+\frac{k\pi}{2}\right)\right]\quad(k=0,1,2,3),$$

即 $\sqrt[4]{1-\mathrm{i}}$ 的四个值分别为

$$\sqrt[8]{2}\left(\cos\frac{\pi}{16}-\mathrm{i}\sin\frac{\pi}{16}\right),\qquad\sqrt[8]{2}\left(\cos\frac{7\pi}{16}+\mathrm{i}\sin\frac{7\pi}{16}\right),$$

$$\sqrt[8]{2}\left(\cos\frac{15\pi}{16}+\mathrm{i}\sin\frac{15\pi}{16}\right),\quad\sqrt[8]{2}\left(\cos\frac{9\pi}{16}-\mathrm{i}\sin\frac{9\pi}{16}\right).$$

4. 三角函数

由欧拉公式,对任意实数 x,有

$$\mathrm{e}^{\mathrm{i}x}=\cos x+\mathrm{i}\sin x,\quad\mathrm{e}^{-\mathrm{i}x}=\cos x-\mathrm{i}\sin x,$$

所以

$$\cos x=\frac{\mathrm{e}^{\mathrm{i}x}+\mathrm{e}^{-\mathrm{i}x}}{2},\quad\sin x=\frac{\mathrm{e}^{\mathrm{i}x}-\mathrm{e}^{-\mathrm{i}x}}{2\mathrm{i}}.$$

因此,对任意复数 z,定义余弦函数和正弦函数如下.

定义 1.13　称

$$\sin z=\frac{e^{iz}-e^{-iz}}{2i},\quad \cos z=\frac{e^{iz}+e^{-iz}}{2} \tag{1-29}$$

分别为复变量 z 的**正弦函数**和**余弦函数**.

正弦函数和余弦函数具有如下性质.

(1) 解析性. $\sin z$ 和 $\cos z$ 在整个复平面解析,并且有

$$(\sin z)'=\cos z,\quad (\cos z)'=-\sin z.$$

(2) 奇偶性. $\sin z$ 是奇函数, $\cos z$ 是偶函数,即

$$\sin(-z)=\frac{e^{i(-z)}-e^{-i(-z)}}{2i}=\frac{e^{-iz}-e^{iz}}{2i}=-\sin z,$$

$$\cos(-z)=\frac{e^{i(-z)}+e^{-i(-z)}}{2}=\frac{e^{-iz}+e^{iz}}{2}=\cos z.$$

(3) 周期性. $\sin z$ 和 $\cos z$ 以 2π 为周期,则

$$\cos(z+2k\pi)=\cos z,\quad \sin(z+2k\pi)=\sin z\quad (k\ \text{为任意整数}).$$

(4) $\sin(z_1\pm z_2)=\sin z_1\cos z_2\pm\cos z_1\sin z_2$;

$\quad\cos(z_1\pm z_2)=\cos z_1\cos z_2\mp\sin z_1\sin z_2$;

$\quad\sin^2 z+\cos^2 z=1.$

(5) $|\sin z|\leqslant 1,|\cos z|\leqslant 1$ 不再成立,这一性质与实函数不同.

其他复变函数的三角函数定义如下:

$$\tan z=\frac{\sin z}{\cos z},\quad \cot z=\frac{\cos z}{\sin z},$$

$$\sec z=\frac{1}{\cos z},\quad \csc z=\frac{1}{\sin z}.$$

以上四个函数分别称为 z 的**正切**、**余切**、**正割**、**余割函数**. 它们都在复平面上使分母不为零的点处解析.

例 1.18　计算函数 $\cos(1+i)$ 的值.

解　　　$\cos(1+i)=\dfrac{e^{i(1+i)}+e^{-i(1+i)}}{2}=\dfrac{e^{i-1}+e^{-i+1}}{2}$

$$=\frac{1}{2}[(e^{-1}+e)\cos 1+i(e^{-1}-e)\sin 1].$$

*1.4　保角映射

一个定义在某区域 D 上的复变函数 $w=f(z)$ 在几何上表示从 z 平面到 w 平

面的一个映射,本节将介绍解析函数所构成的一一映射——保角映射. 保角映射是复变函数最重要的概念之一,它可以将比较复杂的区域上的问题转化到比较简单的区域上进行研究,成功地解决了流体力学、空气动力学、弹性力学、电学等学科中的许多实际问题.

1.4.1　保角映射的概念

设函数 $w=f(z)$ 在区域 D 内解析,$z_0 \in D$ 且 $f'(z_0) \neq 0$,过点 z_0 任意引一条有向光滑曲线 $C: z=z(t)$ $(t_0 \leqslant t \leqslant t_1)$,$z_0 = z(t_0)$ 且 $z'(t_0) \neq 0$,则曲线 C 在点 z_0 处的切线存在,其倾角为 $\theta = \arg z'(t_0)$.

映射 $w=f(z)$ 把 z 平面内的曲线 C 映射成 w 平面内过点 $w_0 = f(z_0)$ 的一条有向光滑曲线

$$\Gamma: w=f[z(t)] \quad (t_0 \leqslant t \leqslant t_1).$$

由于 $w'(t_0) = f'(z_0) z'(t_0) \neq 0$,故曲线 Γ 在点 w_0 处切线存在,其倾角为

$$\varphi = \arg w'(t_0) = \arg f'(z_0) + \arg z'(t_0)$$
$$= \arg f'(z_0) + \theta. \tag{1-30}$$

式(1-30)表明,**象曲线 Γ 在 w_0 的切线方向可由曲线 C 在 z_0 处的切线方向旋转一个角度 $\arg f'(z_0)$ 得出**,称 $\arg f'(z_0)$ 为函数 $w=f(z)$ 在点 z_0 处的**旋转角**. 显然,$\arg f'(z_0)$ 只与 z_0 有关,与过点 z_0 的曲线 C 的形状无关,这一性质称为**旋转角的不变性**.

由于映射 $w=f(z)$ 使所有经过点 z_0 的曲线都旋转同一个角度,所以相交于点 z_0 的任意两条曲线 C_1 和 C_2 的夹角,其大小和方向都等于映射后的**象曲线 Γ_1 和 Γ_2 的夹角**,如图 1-14 所示,这一性质称为**保角性**.

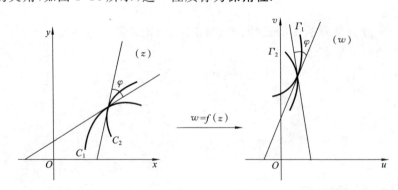

图 1-14

假设　　　　　　　　　　　　$f'(z_0) = Re^{ia}$,

则
$$|f'(z_0)|=R, \quad \arg f'(z_0)=a ,$$
于是
$$\lim_{\Delta z \to 0}\left|\frac{\Delta w}{\Delta z}\right|=R \neq 0. \tag{1-31}$$

式(1-31)表明在点 z_0 的某邻域内自变量改变量的模 $|\Delta z|$ 和函数值改变量的模 $|\Delta w|$ 在忽略高阶无穷小的情况下有关系式 $|\Delta w|=R|\Delta z|$,即在点 z_0 附近象曲线伸长到原象曲线的 R 倍. R 反映了在映射 $w=f(z)$ 下, z 平面上 C 曲线在点 z_0 处弧长的**伸缩率**,这是导数模的几何意义;并且伸缩率 $R=|f'(z_0)|$,它仅与点 z_0 有关,而与过点 z_0 的曲线 C 的形状、方向无关,这一性质称为**伸缩率的不变性**.

综上所述,可得定理 1.6.

定理 1.6　设函数 $w=f(z)$ 在区域 D 内解析, z_0 为 D 内的一点,且 $f'(z_0) \neq 0$,则映射 $w=f(z)$ 在点 z_0 处具有:

(1) **保角性**,即过点 z_0 的两条曲线间的夹角与映射后所得两曲线间的夹角在大小和方向上保持不变;

(2) **伸缩率不变性**,即通过点 z_0 的任何一条曲线的伸缩率均为 $|f'(z_0)|$,而与曲线的形状和方向无关.

定义 1.14　若函数 $w=f(z)$ 在点 z_0 的邻域内有定义,且在点 z_0 处具有:

(1) 保角性;

(2) 伸缩率的不变性;

则称映射 $w=f(z)$ 在点 z_0 处是**保角的**.

若映射 $w=f(z)$ 在区域 D 内的每一点都是保角的,则称 $w=f(z)$ 是区域 D 内的**保角映射**.

由定理 1.6 和定义 1.14,可得定理 1.7.

定理 1.7　若函数 $w=f(z)$ 在区域 D 内解析,且对任意点 $z_0 \in D$,有 $f'(z_0) \neq 0$,则 $w=f(z)$ 在 D 内是保角映射.

1.4.2　几种简单的保角映射

1. 分式线性映射

定义 1.15　形如
$$w=\frac{az+b}{cz+d} \tag{1-32}$$
的映射称为**分式线性映射**,其中 a、b、c、d 是复常数,而且 $ad-bc \neq 0$.

当 $c=0$ 时, $w=\dfrac{a}{d}z+\dfrac{b}{d}$.

当 $c \neq 0$ 时, $w = \dfrac{bc-ad}{c} \cdot \dfrac{1}{cz+d} + \dfrac{a}{c}$.

分式线性映射可以分解为如下基本形式的映射:

$$w = \frac{bc-ad}{c}\xi + \frac{a}{c}; \quad \xi = \frac{1}{\eta}; \quad \eta = cz + d.$$

因此,分式线性映射可以看作是 $w = kz + h$ 和 $w = \dfrac{1}{z}$ 两种映射的复合.

例如, z 平面上以 0、$\dfrac{1}{2}$、i、$\dfrac{1}{2} + i$ 为顶点的长方形,经过保角映射

$$w = 2(1+i)z + (2-i)$$

变换成 w 平面上以 $2-i$、3、i、$1+2i$ 为顶点的长方形,其变换过程如图 1-15 所示.

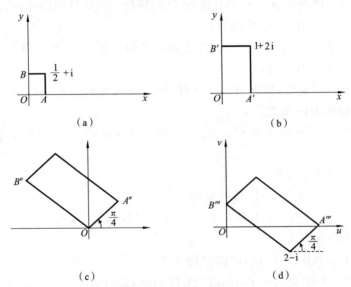

图 1-15

可见,整式线性映射是不改变图形相似形状的变换,它在整个复平面上是处处保角、一一对应的. 又由于该映射能把 z 平面上的圆周映射成 w 平面上的圆周,所以这一性质称为整式线性映射的**保圆性**.

映射 $w = \dfrac{1}{z}$ 称为倒数映射,它也是保角映射.

2. 指数函数 $w = e^z$ 所确定的映射

由于 $w = e^z$ 在复平面内处处解析,且 $w = e^z \neq 0$,所以指数函数 $w = e^z$ 所确定的映射是保角映射.

又由于 $w=e^z$ 以 $2\pi i$ 为周期,所以只需讨论当 z 在由 $0<\mathrm{Im}(z)<2\pi$ 所定义的带形区域 B 中变化时,函数 $w=e^z$ 的映射性质.

设 w 的实部及虚部分别为 u 及 v,在带形区域 B 中,z 从左向右描出一条直线 $L:\mathrm{Im}(z)=y_0$,如图 1-16(a)所示,则 $w=e^{x+iy_0}$,于是 $|w|=e^x$ 从 0(不包括 0)增大到 $+\infty$,而 $\mathrm{Arg}w=y_0$ 保持不变. 所以,w 描出一条射线 $L_1:\mathrm{Arg}w=y_0$(不包括 0),如图 1-16(b)所示.

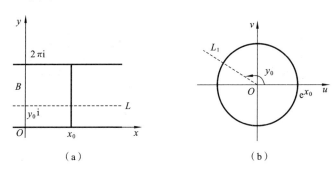

图 1-16

指数函数 $w=e^z$ 确定了从带形区域 $B:0<\mathrm{Im}(z)<2\pi$ 到 w 平面除去原点和正实轴的保角映射. 可见,$w=e^z$ 将 $0<\mathrm{Im}(z)<\pi$ 保角映射为上半平面 $\mathrm{Im}(w)>0$;而把 $\pi<\mathrm{Im}(z)<2\pi$ 保角映射为下半平面 $\mathrm{Im}(w)<0$.

映射 $w=e^z$ 的特点是:将扩充 z 平面上的水平带形区域 $0<\mathrm{Im}(z)<h(0<h\leqslant2\pi)$ 映射成扩充 w 平面的角形区域 $0<\mathrm{arg}w<h(h=\pi$ 时,此角形区域为上半平面).

3. 幂函数 $w=z^n$ 所确定的映射

由于幂函数 $w=z^n(n$ 为大于 1 的正整数)在复平面上处处解析且 $w'=nz^{n-1}$ 除 $z=0$ 外处处不等于零,所以在复平面上除原点 $z=0$ 外,$w=z^n$ 确定的映射是保角映射.

设 $z=e^{i\theta}$,$w=z^n=r^ne^{in\theta}$,则 $|w|=r^n$,$\mathrm{Arg}w=n\theta$,从而 $w=z^n$ 将 z 平面上的圆周 $|z|=r(r>0)$ 映射为 w 平面上的圆周 $|w|=r^n$. 特别地,把单位圆周 $|z|=1$ 映射为单位圆周 $|w|=1$.

又由 $\mathrm{Arg}w=n\theta$ 知,$w=z^n$ 将 z 平面上的射线 $\theta=\theta_0$ 映射成 w 平面上的射线 $\varphi=n\theta_0$,特别地,正实轴 $\theta=0$ 映射成正实轴 $\varphi=0$. 从而角形区域 $0<\theta<\theta_0$ $\left(\theta_0<\dfrac{2\pi}{n}\right)$ 被映射成角形区域 $0<\varphi<n\theta_0$,如图 1-17(a)所示.

幂函数 $w=z^n$ 映射的特点:将 z 平面上以原点 $z=0$ 为顶点的角形区域映射

为 w 平面上以 $w=0$ 为顶点,张角比原张角扩大了 n 倍的角形区域.

特别地,$w=z^n$ 将角形区域 $0<\theta<\dfrac{2\pi}{n}$ 映射为 w 平面的角形区域 $0<\varphi<2\pi$. 即除去正实轴外的整个 w 平面,而正实轴 $\theta=0$ 映射为 w 平面正实轴的上岸 $\varphi=0$,射线 $\theta=\dfrac{2\pi}{n}$ 映射为 w 平面正实轴的下岸 $\varphi=2\pi$,如图 1-17(b)所示.

图 1-17

例 题 解 析

例 1.19 下面解题过程错在何处?

$$8^{\frac{1}{6}}=(2^3)^{\frac{1}{6}}=2^{\frac{1}{2}}=\sqrt{2}.$$

解 在实数范围内,上述方法是正确的,而在复数范围内,应当是

$$8^{\frac{1}{6}}=(2^3)^{\frac{1}{6}}=(2^3\mathrm{e}^{2k\pi\mathrm{i}})^{\frac{1}{6}}=\pm\sqrt{2}\mathrm{e}^{\frac{k\pi}{3}\mathrm{i}}\quad(k=0,1,2).$$

例 1.20 将复数 $\dfrac{2\mathrm{i}}{-1+\mathrm{i}}$ 化为三角形式和指数形式.

解 因为

$$\frac{2\mathrm{i}}{-1+\mathrm{i}}=1-\mathrm{i},\quad |1-\mathrm{i}|=\sqrt{2},\quad \arg(1-\mathrm{i})=-\frac{\pi}{4},$$

所以

$$\frac{2\mathrm{i}}{-1+\mathrm{i}}=\sqrt{2}\left[\cos\left(-\frac{\pi}{4}\right)+\mathrm{i}\sin\left(-\frac{\pi}{4}\right)\right]\quad(三角形式)$$

$$=\sqrt{2}\,\mathrm{e}^{-\frac{\pi}{4}\mathrm{i}}.\quad(指数形式)$$

例 1.21　讨论下列函数的解析性,若函数解析,求 $f'(z)$.

(1) $f(z)=x^3+\mathrm{i}(1-y)^3$;

(2) $f(z)=x^2-y^2-3y+\mathrm{i}(2xy+3x)$.

解　(1) 令 $u=x^3$,$v=(1-y)^3$,则

$$\frac{\partial u}{\partial x}=3x^2,\quad \frac{\partial u}{\partial y}=0,\quad \frac{\partial v}{\partial x}=0,\quad \frac{\partial v}{\partial y}=-3\,(1-y)^2.$$

虽然上述四个偏导数连续(即 u,v 可微),但仅在 $x=0,y=1$ 时满足柯西-黎曼方程,所以 $f(z)=x^3+\mathrm{i}(1-y)^3$ 仅在 $z=\mathrm{i}$ 处可导,在全平面内处处不解析.

(2) 令 $u=x^2-y^2-3y$,$v=2xy+3x$,则

$$\frac{\partial u}{\partial x}=2x,\quad \frac{\partial u}{\partial y}=-2y-3,\quad \frac{\partial v}{\partial x}=2y+3,\quad \frac{\partial v}{\partial y}=2x.$$

由于上述四个偏导数连续(即 u,v 可微)且满足柯西-黎曼方程,故 $f(z)=x^2-y^2-3y+\mathrm{i}(2xy+3x)$ 在复平面内处处解析,且有

$$f'(z)=\frac{\partial u}{\partial x}+\mathrm{i}\frac{\partial v}{\partial x}=2x+\mathrm{i}(2y+3).$$

例 1.22　解方程 $\mathrm{e}^z+3+4\mathrm{i}=0$,并求 z 的主值.

解　$z=\mathrm{Ln}(-3-4\mathrm{i})=\ln 5+\mathrm{i}\left(\arctan\frac{4}{3}-\pi+2k\pi\right)$

$$=\ln 5+\mathrm{i}\left[\arctan\frac{4}{3}+(2k-1)\pi\right]\quad(k=0,\pm 1,\pm 2,\cdots),$$

z 的主值为 $\ln 5+\mathrm{i}\left(\arctan\frac{4}{3}-\pi\right)$.

例 1.23　求 $(1-\mathrm{i})^{4\mathrm{i}}$ 的辐角主值.

解　因为

$$(1-\mathrm{i})^{4\mathrm{i}}=\mathrm{e}^{4\mathrm{i}\mathrm{Ln}(1-\mathrm{i})}=\mathrm{e}^{4\mathrm{i}\left(\ln\sqrt{2}-\frac{\pi}{4}\mathrm{i}+2k\pi\mathrm{i}\right)}=\mathrm{e}^{-(8k-1)\pi}\mathrm{e}^{\mathrm{i}2\ln 2}$$

$$=\mathrm{e}^{\pi-8k\pi}\left[\cos(2\ln 2)+\mathrm{i}\sin(2\ln 2)\right]\quad(k=0,\pm 1,\pm 2,\cdots),$$

所以 $(1-\mathrm{i})^{4\mathrm{i}}$ 的辐角主值为 $2\ln 2$.

本 章 小 结

本章内容包括:复数的概念及运算;复变函数的极限、连续性及导数;解析函

数;初等函数及其性质;保角映射的概念及其性质.

1. 复数的概念及运算

熟练掌握复数的代数表示、三角表示、指数表示及其相互转换.在做加减运算时通常用代数表示,在做乘除(包括乘方、开方)运算时通常用三角或指数表示.复变函数的多值性是学习复变函数的难点之一.复变函数的多值性是由辐角的多值性引起的.在多值性的基础上理解并掌握初等函数值的计算.

2. 复变函数的极限、连续性及导数

复变函数 $f(z)$ 的极限与一元函数 $f(x)$ 的极限在形式上虽然是一样的,但本质上有很大不同.一元函数的极限 $\lim\limits_{x \to x_0} f(x)$ 存在当且仅当 x 在数轴上沿任意方式趋于 x_0 时极限存在且相等;而复变函数极限 $\lim\limits_{z \to z_0} f(z)$ 存在则要求 z 在复平面上沿任意方式趋于 z_0 时极限存在且相等.因此,复变函数极限存在比一元函数极限存在要求高得多,对于连续性及导数情况也是这样.实际计算中,复变函数的极限与连续性可以转化为复变函数的实部与虚部两个二元实变函数的极限与连续性问题来研究.

3. 解析函数

解析函数是复变函数的主要研究对象.如何判断函数可导与解析是本章的重点.柯西-黎曼方程是判别函数可导与解析的重要条件.值得注意的是,函数 $f(z)$ 在区域 D 内可导等价于函数 $f(z)$ 在区域 D 内解析;但函数 $f(z)$ 在点 z_0 处可导,却不等价于 $f(z)$ 在点 z_0 处解析,后者的要求比前者的高得多.$f(z)$ 在点 z_0 处解析,不仅要求 $f(z)$ 在点 z_0 处可导,而且要求函数在该点的某一个邻域内处处可导.

4. 初等函数及其性质

复变函数中的初等函数包括指数函数、对数函数、幂函数和三角函数.它们是相应的实变量的初等函数在复平面上的推广,除了保留原实变量函数的基本性质之外,还具有自身不同于实变量初等函数的一些性质.如 e^z 是以 $2\pi i$ 为周期的周期函数,正弦函数和余弦函数是无界的,等等,特别要注意这些初等函数的解析性.另外,初等函数的多值性是本章的难点.

*5. 保角映射

这部分论述解析函数的几何理论,它在物理学及相关领域有着广泛的应用.解析函数 $w = f(z)$ 在其导数不为零的点处所构成的映射具有保角性是本节内容的基础.在分式线性映射中,所采用的方法是将较复杂的映射分解成简单映射的复合,分式线性映射具有保圆性.掌握幂函数 $w = z^n$ 和指数函数 $w = e^z$ 所构成的映射的特点.

数学家简介——欧拉

　　莱昂哈德·欧拉(Leonhard Euler)，瑞士数学家及自然科学家. 1707 年 4 月 15 日生于瑞士巴塞尔，13 岁进入巴塞尔大学，15 岁获学士学位，翌年获得硕士学位. 1727 年，欧拉应圣彼得堡科学院的邀请到俄国，1731 年接替丹尼尔·伯努利成为物理教授，在俄国的 14 年，欧拉在分析学、数论和力学方面做了大量出色的工作. 1741 年，欧拉受普鲁士腓特烈大帝的邀请到柏林科学院工作达 25 年，在柏林工作期间欧拉研究广泛，涉及行星运动、刚体运动、热力学、弹道学、人口学，这些工作和数学研究相互推动，使得这个时期欧拉在微分方程、曲面微分几何以及其他数学领域的研究都是开创性的. 1766 年欧拉回到俄国圣彼得堡，1783 年 9 月 18 日卒于圣彼得堡.

　　在欧拉的数学生涯中，他的视力一直在恶化. 在经历了一次几乎致命的发热后的第三年，1738 年，他的右眼近乎失明，他把这归咎于他为圣彼得堡科学院进行的辛苦的地图学工作. 在德国期间他的视力持续恶化，以至于弗雷德里克把他誉为"独眼巨人". 欧拉原本正常的左眼后来又遭受了白内障的困扰. 在 1766 年被查出有白内障的几个星期后，他近乎完全失明. 即便如此，病痛似乎并未影响到欧拉的学术生产力，这归因于他的心算能力和超群的记忆力. 例如，欧拉可以从头到尾毫不犹豫地背诵维吉尔的史诗《埃涅阿斯纪》，并能指出他所背诵的那个版本的每一页的第一行和最后一行是什么. 在书记员的帮助下，欧拉在多个领域的研究变得更加高产. 1775 年，他平均每周就完成一篇数学论文. 在人生的最后 7 年，欧拉的双目完全失明，他还是以惊人的速度产出了生平一半的著作. 法国数学家皮埃尔-西蒙·拉普拉斯曾这样评价欧拉对于数学的贡献："读欧拉的著作吧，在任何意义上，他都是我们的大师".

　　欧拉建立了弹性体的力矩定律：作用在弹性细长杆上的力矩正比于物质的弹性和通过质心轴且垂直于两者的截面的转动惯量. 他还直接从牛顿运动定律出发，建立了流体力学中的欧拉方程. 这些方程在形式上等价于黏度为 0 的纳维-斯托克斯方程. 人们对这些方程的主要兴趣在于它们能被用来研究冲击波. 欧拉对微分方程理论做出了重要贡献. 他还是欧拉近似法的创始人，这些计算方法被用于计算力学中，其中最有名的被称为欧拉方法.

　　欧拉将虚数的幂定义为如下公式：

$$e^{ix} = \cos x + i \sin x,$$

即欧拉公式,它成为指数函数的中心. 在初等分析中,从本质上来说,要么是指数函数的变种,要么是多项式,两者必居其一. 被理查德·费曼称为"最卓越的数学公式"的则是欧拉公式的一个简单推论(通常被称为欧拉恒等式):

$$e^{i\pi} = -1.$$

1735年,欧拉定义了微分方程中的欧拉-马歇罗尼常数,他也是欧拉-马歇罗尼公式的发现者之一,这一公式在计算复杂的积分、求和与级数的时候极为有效:

$$\gamma = \lim_{n \to \infty} \left(1 + \frac{1}{2} + \frac{1}{3} + \frac{1}{4} + \cdots + \frac{1}{n} - \ln n \right).$$

1736年,欧拉解决了柯尼斯堡七桥问题,并且发表了论文《关于位置几何问题的解法》,对一笔画问题进行了阐述,是最早运用图论和拓扑学的典范.

在经济学方面,欧拉得出了如下结论:如果产品的每个要素正好用于支付它自身的边际产量,在固定规模报酬的情形下,总收入和产出将完全耗尽.

习 题 一

A 题

1. 求出下列复数 z 的实部、虚部、共轭复数、模和主辐角.

(1) $1+i$;　　　　　　　(2) $-5-12i$;　　　　　　(3) $\dfrac{1}{3+4i}$.

2. 当 x、y 等于什么实数时,等式 $\dfrac{x+1+(y-3)i}{5+3i}=1+i$ 成立.

3. 将下列复数 z 化成三角形式及指数形式.

(1) -1;　　　　　　　(2) $1+i$;　　　　　　(3) $1-\sqrt{3}i$.

4. 求出下列函数的奇点.

(1) $\dfrac{z-3}{(z+1)^2(z^2+1)}$;　　　　(2) $\dfrac{z+1}{z(z^2+1)}$.

5. 指出下列函数的解析性区域,并求其导数.

(1) $f(z)=(z-1)^5$;　　　　(2) $f(z)=\dfrac{1}{z^2-1}$.

6. 设 $f(z)=my^3+nx^2y+(x^3+lxy^2)i$ 为解析函数,试确定 l、m、n 的值.

7. 讨论下列函数的解析性:

(1) $f(z)=(x^2-y^2)+i(2xy)$;

(2) $f(z)=x^3-3xy^2-i(3x^2y-y^3)$.

8. 求 $\mathrm{Ln}(-i)$ 及它的主值.

9. 计算 (1) e^i;　(2) 3^i.

***10.** 求 $w=z^2$ 在 $z=i$ 处的伸缩率和旋转角.

B 题

1. 说明如下等式所代表的几何轨迹:

(1) $|z-z_1|=|z-z_2|$;　　　(2) $\left|\dfrac{z-1}{z+2}\right|=2$.

2. 求方程 $z^3+8=0$ 的所有根.

3. 若函数 $f(z)$ 在区域 D 内解析,并满足下列条件之一,试证:$f(z)$ 必为常数.

(1) $\overline{f(z)}$ 在区域 D 内解析;

(2) $\arg f(z)$ 在区域 D 内为常数.

4. 讨论下列函数的可导性:

(1) $f(z)=\begin{cases}\dfrac{\bar{z}^2}{z}, & z\neq 0;\\[2mm] 0, & z=0\end{cases}$　　(2) $f(z)=\mathrm{e}^x\mathrm{e}^{\mathrm{i}y}$;　　(3) $f(z)=x^2+\mathrm{i}y^2$.

5. 讨论下列函数的解析性:

(1) $f(z)=(3x-\mathrm{i}3y)^{-1}$;

(2) $f(z)=(1-z^4)(1+z^4)^{-1}$.

6. 设 $f(z)=u(x,y)+\mathrm{i}v(x,y)$ 解析,且 $u_x+v_x=0$,求 $f(z)$ 的表达式.

7. 已知下列关系式,试确定解析函数 $f(z)=u+\mathrm{i}v$:

$$u+v=x^2-y^2+2xy-5x-5y.$$

8. 在映射 $w=z\mathrm{i}$ 下,下列图形映射成什么图形?

(1) 以 $z_1=\mathrm{i}, z_2=-1, z_3=1$ 为顶点的三角形;

(2) 圆域 $|z|\leqslant 1$.

***9.** 求出将角形区域 $0<\arg z<\dfrac{\pi}{3}$ 映射为单位圆 $|w|<1$ 的一个保角映射.

第2章 复变函数的积分

  复变函数论真正作为现代分析的一个研究领域,是在 19 世纪,其主要奠基人是法国数学家柯西、德国数学家黎曼和维尔斯特拉斯.尽管他们出发点不同,探讨方法不同,却是殊途同归.1814 年,柯西在巴黎科学院宣读的论文《关于定积分理论的报告》是复变函数理论发展史上第一个里程碑.1822 年他在复变函数的导数存在且连续的前提下,在矩形区域上建立了我们现在所称的柯西积分定理.1825 年,柯西发表的论文《关于积分限为虚数的定积分的报告》,将积分与路径无关的柯西定理从矩形区域推广到任意区域,被视为柯西最重要的论文.柯西积分理论是复分析的开山利斧,通过它可以导出与复变函数解析性相关的一系列结果.就是在这个时候,1851 年,黎曼以论文《单复变函数一般理论基础》在哥廷根大学获得数学博士学位.这篇论文包含了现代复变函数论主要部分的萌芽.黎曼的研究揭示出复函数与实函数之间的深刻区别.黎曼在这篇论文中还给出了一个全新的几何概念,就是被后人称为"黎曼曲面"的概念.黎曼曲面理论是研究多值函数的主要工具,通过黎曼曲面给多值函数以几何直观,多值函数在黎曼曲面上被单值化.他在此文中还证明了著名的黎曼映射定理,奠定了复变函数论的几何基础.

  复变函数的积分(简称复积分)为研究解析函数提供了一个强有力的工具.它与实积分一样可以解决很多理论与实际问题.例如,引入复积分可以证明"解析函数有任意阶导数""解析函数的导数连续"等. 本章主要介绍复积分的概念、关于解析函数积分的柯西-古萨基本定理、复合闭路原理、柯西积分公式、高阶导数公式、解析函数与调和函数的关系等内容,其中柯西积分定理与柯西积分公式是复变函数论的基本定理和基本公式.

2.1 复变函数的积分

2.1.1 复积分的概念

复变函数的积分是实函数的定积分在复数域上的自然推广,其定义方法与定积分相类似.

定义 2.1 设 $C = \overset{\frown}{AB}$ 是平面上一条光滑的简单曲线,如图 2-1 所示.

图 2-1

函数 $f(z) = u(x,y) + iv(x,y)$ 在曲线 C 上有定义,其中 $u(x,y)$ 及 $v(x,y)$ 是 $f(z)$ 的实部及虚部,将曲线 C 分为 n 个小弧段. 设分点为 $z_0, z_1, z_2, \cdots, z_{n-1}, z_n$,其中

$$z_k = x_k + iy_k \quad (k = 0, 1, 2, \cdots, n), \quad z_0 = A, \quad z_n = B.$$

设 $\xi_k = \zeta_k + i\eta_k$ 是 z_{k-1} 到 z_k 的弧上任意一点,记 $\Delta z_k = z_k - z_{k-1}$,作和式

$$\sum_{k=1}^{n} f(\xi_k) \Delta z_k.$$

令 $\lambda = \max\limits_{1 \leqslant k \leqslant n} |\Delta z_k|$,若当 $\lambda \to 0$ 时,和式的极限存在,则称**此极限值为** $f(z)$ **沿曲线** C **从** A **到** B **的复积分**,记作 $\int_C f(z)\mathrm{d}z$,即

$$\int_C f(z)\mathrm{d}z = \lim_{\lambda \to 0} \sum_{k=1}^{n} f(\xi_k) \Delta z_k. \tag{2-1}$$

沿曲线 C 的负向即从 B 到 A 的积分则记为 $\int_{C^-} f(z)\mathrm{d}z$;若曲线 C 是闭曲线,则

此时的积分记为 $\oint_C f(z)\mathrm{d}z$，曲线 C 的方向取正向.

曲线 C 的正向我们作如下规定：

（1）当曲线 C 为光滑线段时，曲线正方向总是指从起点到终点的方向；

（2）当曲线 C 为简单闭曲线时，曲线的正向是指：当观察者沿该曲线方向行走时，曲线所围成的区域总在观察者的左边，如图 2-2 所示.

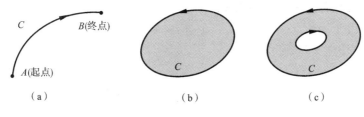

$$C \qquad B(\text{终点})$$

$$A(\text{起点})$$

（a）　　　　　　　（b）　　　　　　　（c）

图 2-2

以后若无特别说明，曲线 C 的方向都取正向.

复积分的定义在形式上与实函数的定积分类似，但几何意义不再是曲边梯形的面积.复变函数的定积分一般不能用牛顿-莱布尼茨公式计算，除非是积分与路径无关的情形.这种情形将在后面积分的计算中加以阐述.

2.1.2　复积分的性质

设 $f(z)$ 及 $g(z)$ 在简单曲线 C 上可积，由复积分的定义不难得到如下基本性质.

（1）$\displaystyle\int_C af(z)\mathrm{d}z = a\int_C f(z)\mathrm{d}z$，其中 a 是一个复常数.

（2）$\displaystyle\int_C [f(z) \pm g(z)]\mathrm{d}z = \int_C f(z)\mathrm{d}z \pm \int_C g(z)\mathrm{d}z$.

（3）$\displaystyle\int_C f(z)\mathrm{d}z = \int_{C_1} f(z)\mathrm{d}z + \int_{C_2} f(z)\mathrm{d}z + \cdots + \int_{C_n} f(z)\mathrm{d}z$，

其中曲线 C 是由光滑曲线 $C_1, C_2, \cdots, C_n$ 连接而成.

（4）$\displaystyle\int_{C^-} f(z)\mathrm{d}z = -\int_C f(z)\mathrm{d}z$.

（5）设曲线 C 的长度为 L，函数 $f(z)$ 在 C 上满足 $|f(z)| \leqslant M$，那么

$$\left| \int_C f(z)\mathrm{d}z \right| \leqslant \int_C |f(z)|\, \mathrm{d}s \leqslant ML ,$$

此为**估值不等式**.

2.1.3 复积分的计算

1. 复积分存在的条件

定理 2.1 若 $f(z)$ 在曲线 C 上连续,则 $f(z)$ 沿曲线 C 可积,且

$$\int_C f(z)\mathrm{d}z = \int_C u(x,y)\mathrm{d}x - v(x,y)\mathrm{d}y + \mathrm{i}\int_C v(x,y)\mathrm{d}x + u(x,y)\mathrm{d}y, \quad (2\text{-}2)$$

称此公式为**复积分的曲线积分公式**.

证明 由于函数 $f(z)$ 在曲线 C 上连续,必有 $u(x,y)$ 及 $v(x,y)$ 在曲线 C 上连续,由复积分定义得

$$\int_C f(z)\mathrm{d}z = \lim_{\lambda \to 0} \sum_{k=1}^{n} f(\xi_k)\Delta z_k$$

$$= \lim_{\lambda \to 0} \sum_{k=1}^{n} [u(\zeta_k,\eta_k) + \mathrm{i}v(\zeta_k,\eta_k)][(x_k - x_{k-1}) + \mathrm{i}(y_k - y_{k-1})]$$

$$= \lim_{\lambda \to 0} \sum_{k=1}^{n} u(\zeta_k,\eta_k)(x_k - x_{k-1}) - \lim_{\lambda \to 0} \sum_{k=1}^{n} v(\zeta_k,\eta_k)(y_k - y_{k-1})$$

$$+ \mathrm{i}\Big[\lim_{\lambda \to 0} \sum_{k=1}^{n} v(\zeta_k,\eta_k)(x_k - x_{k-1}) - \lim_{\lambda \to 0} \sum_{k=1}^{n} u(\zeta_k,\eta_k)(y_k - y_{k-1})\Big].$$

由 $u(x,y)$、$v(x,y)$ 连续可知,上述式子的极限存在,则有

$$\int_C f(z)\mathrm{d}z = \int_C u(x,y)\mathrm{d}x - v(x,y)\mathrm{d}y + \mathrm{i}\int_C v(x,y)\mathrm{d}x + u(x,y)\mathrm{d}y.$$

定理得证.

上述定理不仅给出了复积分存在的条件,而且还表明了复积分的计算可以转化为两个二元实函数的曲线积分来计算.

2. 复积分的计算

定理 2.1 给出了一种复积分的计算方法,当曲线积分的积分路径 C 可由参数方程给出时,复积分的计算可转化为定积分的计算.

设曲线 C 的参数方程为

$$z(t) = x(t) + \mathrm{i}y(t) \quad (\alpha \leqslant t \leqslant \beta),$$

参数 α 及 β 分别对应曲线的起点及终点,则有

$$\int_C f(z)\mathrm{d}z = \int_\alpha^\beta \{u[x(t),y(t)]x'(t) - v[x(t),y(t)]y'(t)\}\mathrm{d}t$$

$$+ \mathrm{i}\int_\alpha^\beta \{v[x(t),y(t)]x'(t) + u[x(t),y(t)]y'(t)\}\mathrm{d}t$$

$$= \int_\alpha^\beta \{u[x(t),y(t)] + \mathrm{i}v[x(t),y(t)]\}[x'(t) + \mathrm{i}y'(t)]\mathrm{d}t$$

$$= \int_\alpha^\beta f[z(t)]z'(t)\mathrm{d}t.$$

如果 C 是分段光滑简单曲线，仍然可以得到这些结论. 在今后讨论的积分中，总假定被积函数是连续的，曲线 C 是按段光滑的.

例 2.1 计算 $\int_C z\mathrm{d}z$ ，其中 C 是从原点到点 $3+4\mathrm{i}$ 的直线段.

解 如图 2-3 所示，设直线方程为 $\begin{cases} x=3t, \\ y=4t, \end{cases} 0\leqslant t\leqslant 1$ ，则有

$$z=(3+4\mathrm{i})t, \quad \mathrm{d}z=(3+4\mathrm{i})\mathrm{d}t,$$

图 2-3

于是

$$\int_C z\mathrm{d}z = \int_0^1 (3+4\mathrm{i})^2 t\mathrm{d}t = (3+4\mathrm{i})^2 \int_0^1 t\mathrm{d}t = \frac{(3+4\mathrm{i})^2}{2}.$$

事实上，

$$\int_C z\mathrm{d}z = \int_C (x+\mathrm{i}y)(\mathrm{d}x+\mathrm{i}\mathrm{d}y),$$

故得

$$\int_C z\mathrm{d}z = \int_C x\mathrm{d}x - y\mathrm{d}y + \mathrm{i}\int_C y\mathrm{d}x + x\mathrm{d}y.$$

由二元函数曲线积分的性质可知，这两个积分都与路径无关，所以不论 C 是怎样从原点连接到点 $3+4\mathrm{i}$ 的曲线，都有

$$\int_C z\mathrm{d}z = \frac{(3+4\mathrm{i})^2}{2}.$$

例 2.2 计算 $\int_C \mathrm{Re}(z)\mathrm{d}z$ ，其中 C 为：

(1) 从原点到点 $1+\mathrm{i}$ 的直线段；

(2) 抛物线 $y=x^2$ 上从原点到点 $1+\mathrm{i}$ 的弧线段.

解 (1) 如图 2-4 所示，积分路径的参数方程为

$$z(t)=t+\mathrm{i}t \quad (0\leqslant t\leqslant 1),$$

图 2-4

于是

$$\mathrm{Re}(z)=t, \quad \mathrm{d}z=(1+\mathrm{i})\mathrm{d}t,$$

则原积分

$$\int_C \mathrm{Re}(z)\mathrm{d}z = \int_0^1 t(1+\mathrm{i})\mathrm{d}t = \frac{1}{2}(1+\mathrm{i}).$$

(2) 积分路径的参数方程为

$$z(t)=t+\mathrm{i}t^2 \quad (0\leqslant t\leqslant 1),$$

于是
$$\mathrm{Re}(z)=t, \quad \mathrm{d}z=(1+2\mathrm{i}t)\mathrm{d}t,$$

故得

$$\int_C \mathrm{Re}(z)\mathrm{d}z = \int_0^1 t(1+2\mathrm{i}t)\mathrm{d}t = \left(\frac{t^2}{2} + \frac{2\mathrm{i}}{3}t^3 \right)\Big|_0^1 = \frac{1}{2} + \frac{2}{3}\mathrm{i}.$$

例 2.3　计算 $\oint_C |z|\,\mathrm{d}z$，其中 C 为正向圆周，且 $|z|=2$.

解　积分路径的参数方程为

$$z=2\mathrm{e}^{\mathrm{i}\theta}, \quad \mathrm{d}z=2\mathrm{i}\mathrm{e}^{\mathrm{i}\theta}\mathrm{d}\theta,$$

其中 $0\leqslant\theta\leqslant 2\pi$. 由 $|z|=2$，可得

$$\oint_C |z|\,\mathrm{d}z = \int_0^{2\pi} 2 \cdot 2\mathrm{i}\mathrm{e}^{\mathrm{i}\theta}\mathrm{d}\theta = 4\mathrm{i}\int_0^{2\pi}(\cos\theta + \mathrm{i}\sin\theta)\mathrm{d}\theta = 0.$$

例 2.4　设曲线 C 是正向圆周 $|z-z_0|=r$，其中 z_0 是一个复数，r 是一个正数，证明：

$$\oint_C \frac{\mathrm{d}z}{z-z_0} = 2\pi\mathrm{i}.$$

证明　令 $z-z_0=r\mathrm{e}^{\mathrm{i}\theta}$，于是

$$\mathrm{d}z=r\mathrm{i}\mathrm{e}^{\mathrm{i}\theta}\mathrm{d}\theta,$$

从而

$$\oint_C \frac{\mathrm{d}z}{z-z_0} = \int_0^{2\pi} \frac{r\mathrm{i}\mathrm{e}^{\mathrm{i}\theta}\mathrm{d}\theta}{r\mathrm{e}^{\mathrm{i}\theta}} = \int_0^{2\pi} \mathrm{i}\mathrm{d}\theta = 2\pi\mathrm{i}.$$

例 2.5　求 $\oint_C \frac{1}{(z-z_0)^{n+1}}\mathrm{d}z$，其中 C 是以 z_0 为中心、r 为半径的正向圆周，n

为整数.

解　如图 2-5 所示,积分路径的参数方程为

$$z = z_0 + r e^{i\theta}, \quad 0 \leqslant \theta \leqslant 2\pi,$$

图 2-5

代入积分得

$$\oint_C \frac{1}{(z-z_0)^{n+1}} \mathrm{d}z = \int_0^{2\pi} \frac{\mathrm{i}r e^{i\theta}}{r^{n+1} e^{i(n+1)\theta}} \mathrm{d}\theta = \frac{\mathrm{i}}{r^n} \int_0^{2\pi} e^{-\mathrm{i}n\theta} \mathrm{d}\theta.$$

当 $n=0$ 时,

$$\oint_C \frac{1}{(z-z_0)^{n+1}} \mathrm{d}z = \oint_C \frac{1}{z-z_0} \mathrm{d}z = \mathrm{i}\int_0^{2\pi} \mathrm{d}\theta = 2\pi\mathrm{i}.$$

此即例 2.4 的结果.

当 $n \neq 0$ 时,

$$\oint_C \frac{1}{(z-z_0)^{n+1}} \mathrm{d}z = \frac{\mathrm{i}}{r^n} \int_0^{2\pi} (\cos n\theta - \mathrm{i}\sin n\theta) \mathrm{d}\theta = 0.$$

所以

$$\oint_C \frac{1}{(z-z_0)^{n+1}} \mathrm{d}z = \begin{cases} 2\pi\mathrm{i}, & n = 0, \\ 0, & n \neq 0. \end{cases}$$

由例 2.5 可得一个重要结论:积分 $\oint_C \dfrac{1}{(z-z_0)^{n+1}} \mathrm{d}z$ 与路径圆周的中心和半

径无关.

2.2　柯西积分定理

由 2.1 节例题可知:例 2.1 中函数积分与路径无关,例 2.2 中函数积分随路径不同而不相等.那么,到底怎样的函数积分值与积分路径无关呢? 由于复积分可以转化为实变函数的线积分,因此解决复变函数积分与路径无关的问题,可归结为实函数线积分与路径无关的问题.而线积分与路径无关等价于线积分沿任一简单闭曲线的值都是零,于是问题最终可归结为研究沿任一简单闭曲线积分

为零的问题.法国数学家柯西对这一问题做了深入研究,并得到了相关结论,为复变函数解析理论奠定了基础.

2.2.1 柯西基本定理

定理 2.2 设 $f(z)$ 是复平面上单连通区域 D 内的解析函数,C 为区域 D 内任一条简单闭曲线,则

$$\oint_C f(z)\mathrm{d}z = 0. \tag{2-3}$$

证明 由于 $f(z)$ 在 D 内解析,所以 $f'(z)$ 存在.为证明简便起见,假设 $f'(z)$ 连续($f'(z)$ 不连续的证明比较复杂,有兴趣的读者可参阅相关资料),则 $u(x,y)$ 及 $v(x,y)$ 的一阶偏导数存在且连续.利用二元实函数中的格林(Green)公式,以及柯西-黎曼(Cauchy-Riemann)方程,得

$$\oint_C f(z)\mathrm{d}z = \int_C u(x,y)\mathrm{d}x - v(x,y)\mathrm{d}y + \mathrm{i}\int_C v(x,y)\mathrm{d}x + u(x,y)\mathrm{d}y$$

$$= -\iint_G \left(\frac{\partial v}{\partial x} + \frac{\partial u}{\partial y}\right)\mathrm{d}x\mathrm{d}y + \mathrm{i}\iint_G \left(\frac{\partial u}{\partial x} - \frac{\partial v}{\partial y}\right)\mathrm{d}x\mathrm{d}y = 0,$$

其中 $G \subset D$ 是由闭曲线 C 所围成的区域,如图 2-6 所示,定理得证.

图 2-6

关于这个定理的证明,1811 年高斯在给朋友 F. W. 贝塞尔的一封信中,首先提到了现在被称为柯西积分定理的结论.1851 年黎曼在附加条件"$f'(z)$ 在 D 内连续"的前提下,给出了简单证明.直到 1900 年法国数学家古萨(E. Goursat)在去掉这一前提下,对定理进行了严格证明,但证明过程复杂,这里不再给出.所以,人们称上述定理为**柯西-古萨(Cauchy-Goursat)定理**,它是复变函数中的一个基本定理,现在仍习惯称为柯西积分定理.

由柯西积分定理可以推出以下定理.

定理 2.3 设函数 $f(z)$ 在单连通区域 D 内解析,z_1 与 z_2 为 D 内任意两点,C_1 与 C_2 是 D 内从 z_1 与 z_2 的积分曲线,那么

$$\int_{C_1} f(z)\mathrm{d}z = \int_{C_2} f(z)\mathrm{d}z. \tag{2-4}$$

即当 $f(z)$ 在 D 内解析时,积分 $\int_C f(z)\mathrm{d}z$ 与路径无关,而仅由积分路径的起点与终点来确定,如图 2-7 所示.

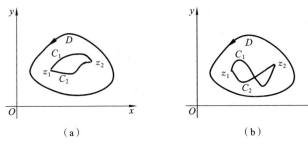

（a）　　　　　　　　　　（b）

图 2-7

此时,对 D 内任意曲线 C 的积分 $\int_C f(z)\mathrm{d}z$ 可以记作 $\int_{z_1}^{z_2} f(z)\mathrm{d}z$,其中 z_1、z_2 为 C 的起点和终点. 该积分的计算与实函数的定积分计算类似,即

$$\int_{z_1}^{z_2} f(z)\mathrm{d}z = F(z)\Big|_{z_1}^{z_2} = F(z_2) - F(z_1),$$

其中 $F'(z) = f(z)$. 上式称为**复积分的牛顿-莱布尼茨公式**.

例 2.6 计算 $\int_a^b z^2 \mathrm{d}z$,其中 a、b 为复数.

解 因为 z^2 在复平面内处处解析,根据复积分的牛顿-莱布尼茨公式,有

$$\int_a^b z^2 \mathrm{d}z = \frac{1}{3}z^3 \Big|_a^b = \frac{1}{3}(b^3 - a^3).$$

例 2.7 计算 $\int_0^i z\cos z\,\mathrm{d}z$.

解 因为 $z\cos z$ 在复平面内处处解析,由分部积分公式,有

$$\int_0^i z\cos z\,\mathrm{d}z = \int_0^i z\,\mathrm{d}(\sin z) = z\sin z \Big|_0^i - \int_0^i \sin z\,\mathrm{d}z$$

$$= i\sin i + \cos i - 1 = i\frac{e^{-1} - e}{2i} + \frac{e^{-1} + e}{2} - 1 = e^{-1} - 1.$$

例 2.8 计算积分 $\oint_{|z|=5} (2z^2 + e^z + \cos z)\mathrm{d}z$.

解 因为 $2z^2$、e^z、$\cos z$ 均在复平面上解析,故它们的和在包含积分路径 $|z|=5$ 的单连通区域 G 内解析. 由柯西基本定理得

$$\oint_{|z|=5} (2z^2 + e^z + \cos z)\mathrm{d}z = 0.$$

例 2.9　计算积分 $\oint_{|z+1|=\frac{1}{2}} \dfrac{3z}{(z-2)(z-1)} \mathrm{d}z$.

解　如图 2-8 所示,作区域 G:$|z+1|<1$.

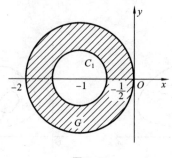

图 2-8

显然,积分路径 C_1:$|z+1|=\dfrac{1}{2}$ 位于 G 内,被积函数在 G 内解析,

$$f(z)=\frac{3z}{(z-2)(z-1)}$$

由定理 2.2 得

$$\oint_{|z+1|=\frac{1}{2}} \frac{3z}{(z-2)(z-1)} \mathrm{d}z = 0.$$

2.2.2　复合闭路定理

柯西积分定理讨论了解析函数在单连通区域上任意简单闭曲线上的积分问题,并且该积分值为零.但在所讨论的问题中,多连通区域的情况占了较大的比例,我们将讨论把柯西积分定理推广到多连通区域的情形.

引理　设 C_1 和 C_2 是两条简单闭曲线,C_2 在 C_1 的内部,$f(z)$ 在 C_1 和 C_2 所围成的多连通区域 D 内解析,在区域 $\overline{D}=D+C_1+C_2$ 上连续,C_1 和 C_2 均取逆时针方向,则

$$\oint_{C_1} f(z)\mathrm{d}z + \oint_{C_2^-} f(z)\mathrm{d}z = 0$$

或

$$\oint_{C_1} f(z)\mathrm{d}z = \oint_{C_2} f(z)\mathrm{d}z.$$

证明　在 D 内作割线 AB 连接 C_1 和 C_2(见图 2-9),取 $\Gamma=C_1+\overrightarrow{AB}+C_2^-+\overrightarrow{BA}$,则闭曲线 Γ 所围成的区域是单连通区域,由柯西积分定理,有

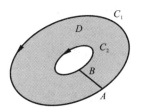

图 2-9

$$\oint_{\Gamma} f(z)\mathrm{d}z = \oint_{C_1} f(z)\mathrm{d}z + \int_{\overrightarrow{AB}} f(z)\mathrm{d}z + \oint_{C_2^-} f(z)\mathrm{d}z + \int_{\overrightarrow{BA}} f(z)\mathrm{d}z$$
$$= \oint_{C_1} f(z)\mathrm{d}z + \oint_{C_2^-} f(z)\mathrm{d}z = 0.$$

即

$$\oint_{C_1} f(z)\mathrm{d}z = \oint_{C_2} f(z)\mathrm{d}z.$$

引理说明,在区域内一个解析函数沿闭曲线的积分,不因闭曲线在区域内做连续变形而改变积分值,只要在变形过程中不经过函数的不解析点.这一事实,称为**复合闭路变形原理**.

用同样的方法,可以证明如下定理.

定理 2.4(复合闭路定理)　设 $C_1, C_2, \cdots, C_n$ 是 n 条不相交也互不包含的简单闭曲线,它们都在简单闭曲线 C 的内部,又设函数 $f(z)$ 在由 C 及 $C_1, C_2, \cdots, C_n$ 所围成的多连通区域 D 内解析,在 $\overline{D} = D + C + C_1 + C_2 + \cdots + C_n$ 上连续,则有

(1) $\oint_C f(z)\mathrm{d}z = \sum_{k=1}^{n} \oint_{C_k} f(z)\mathrm{d}z$,其中 C 及 C_k 都取逆时针方向;

(2) $\oint_{\Gamma} f(z)\mathrm{d}z = \oint_C f(z)\mathrm{d}z + \sum_{k=1}^{n} \oint_{C_k^-} f(z)\mathrm{d}z = 0$,其中 Γ 是由 C 及 $C_k(k=1, 2, \cdots, n)$ 所组成的复合闭路,C 取逆时针方向,C_k^- 取顺时针方向,如图 2-10 所示.

图 2-10

单连通和多连通区域的柯西积分定理可以表述如下:

（1）在单连通区域内的解析函数，沿区域内任一闭合曲线的积分为零；

（2）在多连通区域内的解析函数，沿边界曲线正方向的积分为零；

（3）在多连通区域内的解析函数，按逆时针方向沿外边界的积分等于按逆时针方向沿所有内边界的积分之和.

复合闭路定理揭示了解析函数的一个性质：在一定条件下，解析函数沿复连通区域边界的积分等于零.同时，它提供了一种计算函数沿闭曲线积分的方法.

例 2.10　计算 $\oint_C \dfrac{\mathrm{d}z}{z-z_0}$ 的值，其中 C 是任意一条包含 z_0 的正向简单闭曲线.

解　如图 2-11 所示，在 C 的内部作正向圆周

$$C_1 : |z-z_0| = r,$$

则由例 2.4 和复合闭路定理可知

$$\oint_C \frac{\mathrm{d}z}{z-z_0} = \oint_{C_1} \frac{\mathrm{d}z}{z-z_0} = 2\pi\mathrm{i}.$$

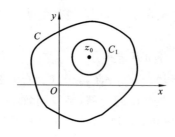

图 2-11

因此，若 C 是任意一条正向简单闭曲线，所围区域为 D，则

$$\oint_C \frac{\mathrm{d}z}{z-z_0} = \begin{cases} 2\pi\mathrm{i}, & z_0 \in D, \\ 0, & z_0 \notin D. \end{cases}$$

例 2.11　计算 $\oint_\Gamma \dfrac{2z-1}{z^2-z}\mathrm{d}z$ 的值，其中 Γ 为包含圆周 $C:|z|=1$ 在内的任何正向简单闭曲线.

解一　因为

$$\frac{2z-1}{z^2-z} = \frac{1}{z-1} + \frac{1}{z},$$

由例 2.5 和复合闭路定理可知

$$\oint_\Gamma \frac{2z-1}{z^2-z}\mathrm{d}z = \oint_\Gamma \frac{1}{z-1}\mathrm{d}z + \oint_\Gamma \frac{1}{z}\mathrm{d}z$$

$$= 2\pi i + 2\pi i = 4\pi i.$$

解二　函数 $f(z) = \dfrac{2z-1}{z^2-z}$ 在复平面内除 $z=0, z=1$ 两个奇点外处处解析,设 Γ 所围区域为 G,显然 G 包含这两个奇点. 在 G 内作两个互不包含且互不相交的正向圆周 C_1 和 C_2,如图2-12所示.

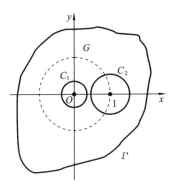

图 2-12

C_1 只包含奇点 $z=0$,C_2 只包含奇点 $z=1$,根据复合闭路定理有

$$\oint_\Gamma \frac{2z-1}{z^2-z}\mathrm{d}z = \oint_{C_1} \frac{2z-1}{z^2-z}\mathrm{d}z + \oint_{C_2} \frac{2z-1}{z^2-z}\mathrm{d}z$$

$$= \oint_{C_1} \frac{1}{z-1}\mathrm{d}z + \oint_{C_1} \frac{1}{z}\mathrm{d}z + \oint_{C_2} \frac{1}{z-1}\mathrm{d}z + \oint_{C_2} \frac{1}{z}\mathrm{d}z$$

$$= 0 + 2\pi i + 2\pi i + 0$$

$$= 4\pi i.$$

由例 2.11 我们看到,借助于复合闭路定理,有些比较复杂的复积分可以转化为比较简单的积分来计算,这是积分计算常用的简化方法.

2.3　柯西积分公式

柯西积分定理是解析函数的基本定理,而柯西积分公式是解析函数的基本公式,它不仅提供了一种计算复积分的方法,而且可以帮助我们研究解析函数的许多性质.

2.3.1　柯西积分公式

定理 2.5　设函数 $f(z)$ 在简单正向闭曲线 C 所围成的区域 D 内解析,在区域 D 的边界 C 上连续,z_0 是区域 D 内任一点,则

$$f(z_0) = \frac{1}{2\pi i} \oint_C \frac{f(z)}{z-z_0} dz. \qquad (2\text{-}5)$$

我们称之为**柯西积分公式**.

证明　取任意点 $z_0 \in D$,函数 $F(z) = \dfrac{f(z)}{z-z_0}$ 在 D 内除点 z_0 外处处解析. 以 z_0 为圆心,以充分小的 r 为半径,在 D 内作圆周 C_r,其内部包含于 D,如图 2-13 所示.

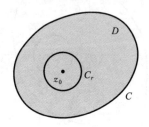

图 2-13

由复合闭路定理,有

$$\oint_C \frac{f(z)}{z-z_0} dz = \oint_{C_r} \frac{f(z)}{z-z_0} dz.$$

由于 $\oint_{C_r} \dfrac{1}{z-z_0} dz = 2\pi i$,则

$$\left| \oint_{C_r} \frac{f(z)}{z-z_0} dz - 2\pi i f(z_0) \right| = \left| \oint_{C_r} \frac{f(z)}{z-z_0} dz - \oint_{C_r} \frac{f(z_0)}{z-z_0} dz \right|$$

$$= \left| \oint_{C_r} \frac{f(z)-f(z_0)}{z-z_0} dz \right|.$$

根据 $f(z)$ 的连续性知,对于任意 $\varepsilon > 0$,只要 r 充分小,就有

$$|f(z)-f(z_0)| < \varepsilon \quad (z \in C_r).$$

利用积分性质得

$$\left| \oint_{C_r} \frac{f(z)-f(z_0)}{z-z_0} dz \right| \leqslant \oint_{C_r} \left| \frac{f(z)-f(z_0)}{z-z_0} \right| ds$$

$$\leqslant \oint_{C_r} \frac{\varepsilon}{r} ds = 2\pi\varepsilon.$$

所以

$$\oint_C \frac{f(z)}{z-z_0} dz = 2\pi i f(z_0), \qquad (2\text{-}6)$$

即得

$$f(z_0) = \frac{1}{2\pi i} \oint_C \frac{f(z)}{z - z_0} \mathrm{d}z.$$

柯西积分公式(2-5)也常写成式(2-6)的形式,此公式表明:可以把函数在区域 D 内部任意一点 z 的值,用函数在 D 的边界 C 上的积分来表示,这是解析函数的又一特征.它提供了计算某些复变函数沿封闭路径积分的一种方法.

为了便于柯西积分公式的理解和记忆,在 C 内作圆 $C_r: |z - z_0| = r$,当 $r \to 0$ 时,$f(z) \to f(z_0)$,其中 z 在圆周 C_r 上,这样当 $r \to 0$ 时,有

$$\oint_{C_r} \frac{f(z)}{z - z_0} \mathrm{d}z \to f(z_0) \cdot \oint_{C_r} \frac{1}{z - z_0} \mathrm{d}z \ ,$$

于是

$$\oint_{C_r} \frac{f(z)}{z - z_0} \mathrm{d}z \to f(z_0) \cdot \oint_{C_r} \frac{1}{z - z_0} \mathrm{d}z = f(z_0) \cdot 2\pi i.$$

由复合闭路定理,可得公式

$$\oint_C \frac{f(z)}{z - z_0} \mathrm{d}z = \oint_{C_r} \frac{f(z)}{z - z_0} \mathrm{d}z = f(z_0) \cdot \oint_{C_r} \frac{1}{z - z_0} \mathrm{d}z = 2\pi i f(z_0).$$

例 2.12　求下列积分的值.

(1) $\dfrac{1}{2\pi i} \oint_{|z|=4} \dfrac{\sin z}{z} \mathrm{d}z$;

(2) $\oint_{|z|=2} \dfrac{z}{(9 - z^2)(z + i)} \mathrm{d}z$.

解　由柯西积分公式得

(1)
$$\frac{1}{2\pi i} \oint_{|z|=4} \frac{\sin z}{z} \mathrm{d}z = \sin z \,|_{z=0} = 0 \ ;$$

(2)
$$\oint_{|z|=2} \frac{z}{(9 - z^2)(z + i)} \mathrm{d}z = \oint_{|z|=2} \frac{\dfrac{z}{9 - z^2}}{z - (-i)} \mathrm{d}z$$
$$= 2\pi i \cdot \frac{z}{9 - z^2} \bigg|_{z=-i} = \frac{\pi}{5}.$$

例 2.13　设 $a > 1$,令 C 为正向圆周 $|z - a| = a$,如图 2-14 所示,求 $\oint_C \dfrac{z}{z^4 - 1} \mathrm{d}z$.

解　$z^4 - 1 = (z - 1)(z + 1)(z + i)(z - i) = (z - 1)(z^3 + z^2 + z + 1).$

注意到,被积函数 $f(z) = \dfrac{z}{z^4 - 1}$ 在圆周 C 内只有一个奇点 $z = 1$,而奇点 $z = i, -i, -1$ 都在 C 之外,所以 $\dfrac{z}{z^3 + z^2 + z + 1}$ 在 C 内解析,于是由柯西积分公

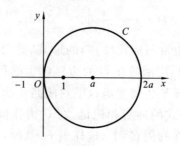

图 2-14

式,得

$$\oint_C \frac{z}{z^4-1}\mathrm{d}z = \oint_C \frac{\dfrac{z}{z^3+z^2+z+1}}{z-1}\mathrm{d}z = 2\pi\mathrm{i}\cdot\frac{z}{z^3+z^2+z+1}\bigg|_{z=1}$$

$$= \frac{2\pi\mathrm{i}}{4} = \frac{\pi\mathrm{i}}{2}.$$

2.3.2　解析函数的高阶导数

解析函数不同于实函数的另一个特性是**解析函数的任意阶导数都存在,并且仍然解析**.这一特性可以由柯西积分公式推出.

定理 2.6　设 $f(z)$ 在 D 内解析,在区域 D 的边界 C 上连续,C 为正向简单闭曲线,则 $f^{(n)}(z)$ 在 D 内解析,并且对任意的 $z_0\in D$,有

$$f^{(n)}(z_0) = \frac{n!}{2\pi\mathrm{i}}\oint_C \frac{f(z)}{(z-z_0)^{n+1}}\mathrm{d}z,\quad n=1,2,3,\cdots. \tag{2-7}$$

***证明**　设 z_0 是区域 D 内的任意一点,如图 2-15 所示,先证 $n=1$ 时,式(2-7)成立.

图 2-15

由柯西积分公式,有

$$f(z_0) = \frac{1}{2\pi\mathrm{i}}\oint_C \frac{f(z)}{z-z_0}\mathrm{d}z,$$

$$f(z_0+\Delta z) = \frac{1}{2\pi\mathrm{i}}\oint_C \frac{f(z)}{z-z_0-\Delta z}\mathrm{d}z,$$

故

$$\frac{f(z_0 + \Delta z) - f(z_0)}{\Delta z} = \frac{1}{2\pi i \Delta z} \left[\oint_C \frac{f(z)}{z - z_0 - \Delta z} dz - \oint_C \frac{f(z)}{z - z_0} dz \right]$$

$$= \frac{1}{2\pi i} \oint_C \frac{f(z)}{(z - z_0)(z - z_0 - \Delta z)} dz,$$

于是

$$\frac{f(z_0 + \Delta z) - f(z_0)}{\Delta z} - \frac{1}{2\pi i} \oint_C \frac{f(z)}{(z - z_0)^2} dz = \frac{1}{2\pi i} \oint_C \frac{\Delta z f(z)}{(z - z_0)^2 (z - z_0 - \Delta z)} dz.$$

设 $J = \dfrac{1}{2\pi i} \oint_C \dfrac{\Delta z f(z)}{(z - z_0)^2 (z - z_0 - \Delta z)} dz$，有

$$|J| = \frac{1}{2\pi} \left| \oint_C \frac{\Delta z f(z)}{(z - z_0)^2 (z - z_0 - \Delta z)} dz \right|$$

$$\leqslant \frac{1}{2\pi} \oint_C \frac{|\Delta z| |f(z)|}{|(z - z_0)^2| |z - z_0 - \Delta z|} ds.$$

因此要证

$$\lim_{\Delta z \to 0} \frac{f(z_0 + \Delta z) - f(z_0)}{\Delta z} = \frac{1}{2\pi i} \oint_C \frac{f(z)}{(z - z_0)^2} dz,$$

只要证 $|J| \to 0$.

因 $f(z)$ 在区域 D 内解析, 在边界 C 上连续, 故在边界 C 上有界, 即存在 $M > 0$, 使得 $|f(z)| \leqslant M$. 设 d 为从 z_0 到 C 上各点的最短距离, 当 Δz 满足 $|\Delta z| < \dfrac{1}{2} d$ 时, 有

$$|z - z_0| \geqslant d, \qquad \frac{1}{|z - z_0|} \leqslant \frac{1}{d},$$

$$|z - z_0 - \Delta z| \geqslant |z - z_0| - |\Delta z| > \frac{d}{2},$$

即

$$\frac{1}{|z - z_0 - \Delta z|} < \frac{2}{d},$$

因此 $|J| < |\Delta z| \dfrac{ML}{\pi d^3}$, 其中 L 为 C 的长度. 如果 $|\Delta z| \to 0$, 那么 $|J| \to 0$, 故得到

$$f'(z_0) = \lim_{\Delta z \to 0} \frac{f(z_0 + \Delta z) - f(z_0)}{\Delta z} = \frac{1}{2\pi i} \oint_C \frac{f(z)}{(z - z_0)^2} dz.$$

同理, 用上述方法求极限 $\lim\limits_{\Delta z \to 0} \dfrac{f'(z_0 + \Delta z) - f'(z_0)}{\Delta z}$, 可得

$$f''(z_0) = \frac{2!}{2\pi i} \oint_C \frac{f(z)}{(z - z_0)^3} dz.$$

依此类推,用数学归纳法可以证明

$$f^{(n)}(z_0) = \frac{n!}{2\pi i} \oint_C \frac{f(z)}{(z-z_0)^{n+1}} dz.$$

式(2-7)提供了一种利用高阶导数计算闭曲线积分的方法,即

$$\oint_C \frac{f(z)}{(z-z_0)^{n+1}} dz = \frac{2\pi i}{n!} f^{(n)}(z_0).$$

例 2.14 计算积分 $\oint_C \dfrac{e^z}{z^{100}} dz$,其中 C 为正向圆周 $|z|=3$.

解
$$\oint_C \frac{e^z}{z^{100}} dz = \frac{2\pi i}{99!}(e^z)^{(99)}\Big|_{z=0} = \frac{2\pi i}{99!}.$$

例 2.15 计算积分 $\oint_C \dfrac{e^{2z}}{z(z-1)^2} dz$,其中 C 为包含点 $z=0$ 和 $z=1$ 在内的任意正向闭曲线.

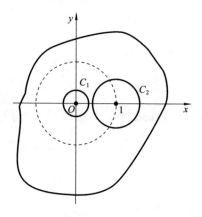

图 2-16

解 C_1、C_2 分别为以 $z=0$ 和 $z=1$ 为圆心,半径充分小的正向圆周,如图 2-16所示,则有

$$\oint_C \frac{e^{2z}}{z(z-1)^2} dz = \oint_{C_1} \frac{e^{2z}}{z(z-1)^2} dz + \oint_{C_2} \frac{e^{2z}}{z(z-1)^2} dz,$$

因为

$$\oint_{C_1} \frac{e^{2z}}{z(z-1)^2} dz = \oint_{C_1} \frac{\dfrac{e^{2z}}{(z-1)^2}}{z} dz = 2\pi i \frac{e^{2z}}{(z-1)^2}\Big|_{z=0} = 2\pi i,$$

$$\oint_{C_2} \frac{e^{2z}}{z(z-1)^2} dz = \oint_{C_2} \frac{\dfrac{e^{2z}}{z}}{(z-1)^2} dz = \frac{2\pi i}{1!}\left(\frac{e^{2z}}{z}\right)'\Big|_{z=1} = 2\pi i e^2,$$

所以

$$\oint_C \frac{e^{2z}}{z(z-1)^2}dz = \oint_{C_1} \frac{e^{2z}}{z(z-1)^2}dz + \oint_{C_2} \frac{e^{2z}}{z(z-1)^2}dz$$
$$= 2\pi i(1+e^2).$$

*例 2.16   设函数 $f(z)$ 在 $|z-z_0|<R$ 内解析，又 $|f(z)| \leqslant M(|z-z_0|<R)$，则

$$|f^{(n)}(z_0)| \leqslant \frac{n!M}{R^n} \quad (n=0,1,2,\cdots). \tag{2-8}$$

证明   对于任意的 $R_1:0<R_1<R, f(z)$ 在 $|z-z_0| \leqslant R_1$ 上为解析，故由高阶导数公式有

$$f^{(n)}(z_0) = \frac{n!}{2\pi i}\oint_{|z-z_0|=R_1} \frac{f(z)}{(z-z_0)^{n+1}}dz \quad (n=1,2,3,\cdots),$$

由估值不等式得到

$$|f^{(n)}(z_0)| \leqslant \frac{n!}{2\pi}\oint_{|z-z_0|=R_1} \frac{|f(z)|}{|z-z_0|^{n+1}}ds \leqslant \frac{n!M}{R_1^n}.$$

令 $R_1 \to R$，便得

$$|f^{(n)}(z_0)| \leqslant \frac{n!M}{R^n} \quad (n=1,2,\cdots).$$

所以原不等式成立.

式(2-8)称为**柯西不等式**.

2.3.3 解析函数与调和函数

调和函数在数学、物理以及工程中有着极其重要的应用，它与解析函数有着密切的联系. 下面主要讨论解析函数与调和函数的关系，并给出由调和函数构造解析函数的方法.

1. 调和函数的概念

定义 2.2   设 $f(x,y)$ 在区域 D 内具有二阶连续偏导数，并且**满足拉普拉斯方程**

$$\nabla^2 f = \frac{\partial^2 f}{\partial x^2} + \frac{\partial^2 f}{\partial y^2} = 0,$$

则称函数 $f(x,y)$ 为区域 D 内的调和函数.

调和函数在理论和实践上都有重要意义，在很多实际问题中，如电学、磁学等所出现的很多函数都是调和函数.

2. 解析函数与调和函数的关系

定理 2.7　设函数

$$f(z)=u(x,y)+iv(x,y)$$

在区域 D 内解析,则 $f(z)$ 的实部 $u(x,y)$ 和虚部 $v(x,y)$ 都是在区域 D 内的调和函数.

证明　设 $f(z)=u+iv$ 为 D 内的一个解析函数,那么

$$\frac{\partial u}{\partial x}=\frac{\partial v}{\partial y},\quad \frac{\partial u}{\partial y}=-\frac{\partial v}{\partial x},$$

从而

$$\frac{\partial^2 u}{\partial x^2}=\frac{\partial^2 v}{\partial y\partial x},\quad \frac{\partial^2 u}{\partial y^2}=-\frac{\partial^2 v}{\partial x\partial y}.$$

根据解析函数高阶导数定理,u 与 v 具有任意阶的连续偏导数,所以

$$\frac{\partial^2 v}{\partial y\partial x}=\frac{\partial^2 v}{\partial x\partial y},$$

从而

$$\frac{\partial^2 u}{\partial x^2}+\frac{\partial^2 u}{\partial y^2}=0.$$

同理,有

$$\frac{\partial^2 v}{\partial x^2}+\frac{\partial^2 v}{\partial y^2}=0,$$

因此,u 与 v 都是区域 D 内的调和函数.

定义 2.3　设函数 $u(x,y)$ 及 $v(x,y)$ 均为在区域 D 内的调和函数,且在区域 D 内满足柯西-黎曼方程

$$\frac{\partial u}{\partial x}=\frac{\partial v}{\partial y},\quad \frac{\partial u}{\partial y}=-\frac{\partial v}{\partial x},$$

则称 $u(x,y)$ 是 $v(x,y)$ 的**共轭调和函数**.

由解析函数的性质和共轭调和函数的定义可得:**在区域 D 内,解析函数的实部和虚部为共轭调和函数.**

解析函数与调和函数的关系,使得我们能够借助解析函数的理论解决调和函数的问题.下面来讨论:给定调和函数 $u(x,y)$ 或 $v(x,y)$,求一个解析函数 $f(z)$,使得所给的 $u(x,y)$ 或 $v(x,y)$ 恰是 $f(z)$ 的实部或虚部.

例 2.17　设 $f(z)=u+iv$ 解析,且 $u=2(x-1)y$,$f(2)=-i$,求 $f(z)$.

解　因为 $f(z)$ 解析,所以

$$\frac{\partial u}{\partial x}=\frac{\partial v}{\partial y},\quad \frac{\partial v}{\partial x}=-\frac{\partial u}{\partial y}.$$

因为

$$\frac{\partial u}{\partial x}=2y,\quad \frac{\partial u}{\partial y}=2(x-1),$$

所以

$$\frac{\partial v}{\partial x} = -2(x-1),$$

可得

$$v = -\int 2(x-1)\mathrm{d}x = -x^2 + 2x + \varphi(y),$$

于是

$$\frac{\partial v}{\partial y} = \varphi'(y) = \frac{\partial u}{\partial x} = 2y, \quad \varphi(y) = y^2 + C,$$

所以

$$v = -x^2 + 2x + y^2 + C.$$

可设

$$f(z) = u + \mathrm{i}v = 2(x-1)y + \mathrm{i}(-x^2 + 2x + y^2 + C),$$

令 $z = 2$,即 $x = 2, y = 0$,代入得

$$f(z) = 0 + \mathrm{i}(-4 + 4 + C) = -\mathrm{i},$$

即 $C = -1$.故

$$f(z) = 2(x-1)y + \mathrm{i}(-x^2 + 2x + y^2 - 1).$$

本题用来求解析函数的方法称为**偏积分法**.

例 2.18　已知调和函数

$$u(x,y) = y^3 - 3x^2 y$$

为解析函数 $f(z)$ 的实部,求 $f(z)$.

解　由于

$$\frac{\partial u}{\partial x} = -6xy, \quad \frac{\partial u}{\partial y} = 3y^2 - 3x^2,$$

从而

$$f'(z) = -6xy - \mathrm{i}(3y^2 - 3x^2) = 3\mathrm{i}(x^2 + 2xy\mathrm{i} - y^2) = 3\mathrm{i}z^2,$$

所以

$$f(z) = \int 3\mathrm{i}z^2 \mathrm{d}z = \mathrm{i}z^3 + C_1.$$

因为 $f(z)$ 的实部为已知函数,不能包含实的任意常数,所以

$$f(z) = \int 3\mathrm{i}z^2 \mathrm{d}z = \mathrm{i}(z^3 + C),$$

其中 C 为任意实常数.

本题用来求解函数的方法称为**不定积分法**.

例 题 解 析

例 2.19　计算积分 $\int_C |z|\,\mathrm{d}z$，其中积分路径 C 为：

(1) 自原点到 $1+\mathrm{i}$ 的直线段，如图 2-17(a)所示；

(2) 正向圆周 $|z|=2$，如图 2-17(b)所示．

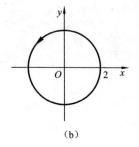

(a)　　　　　　　　　　　(b)

图 2-17

解　(1) 直线段的参数方程为

$$\frac{z-0}{(1+\mathrm{i})-0}=t \quad (0\leqslant t\leqslant 1),$$

即　　　　　　　$z=(1+\mathrm{i})t, \quad \mathrm{d}z=(1+\mathrm{i})\mathrm{d}t, \quad |z|=|1+\mathrm{i}|\cdot|t|=\sqrt{2}t,$

所以

$$\int_C |z|\,\mathrm{d}z = \int_0^1 \sqrt{2}t(1+\mathrm{i})\,\mathrm{d}t = \sqrt{2}(1+\mathrm{i})\int_0^1 t\,\mathrm{d}t = \frac{\sqrt{2}}{2}(1+\mathrm{i}).$$

(2) $|z|=2$ 的参数方程为

$$z=2\mathrm{e}^{\mathrm{i}\theta} \quad (0\leqslant \theta\leqslant 2\pi), \quad \mathrm{d}z=2\mathrm{i}\mathrm{e}^{\mathrm{i}\theta}\mathrm{d}\theta,$$

所以

$$\int_C |z|\,\mathrm{d}z = \int_0^{2\pi} 2\cdot 2\mathrm{i}\mathrm{e}^{\mathrm{i}\theta}\,\mathrm{d}\theta = 4\mathrm{i}\int_0^{2\pi} (\cos\theta+\sin\theta)\,\mathrm{d}\theta = 0.$$

例 2.20　计算下列积分：

(1) $\int_{\mathrm{i}}^{\frac{\mathrm{i}}{2}} \mathrm{e}^{\pi z}\,\mathrm{d}z$；　　　　(2) $\int_1^3 (z-1)^3\,\mathrm{d}z.$

解　(1) 由于被积函数是一个指数函数，它在全平面内解析，故其积分与路径无关，所以

$$\int_{\mathrm{i}}^{\frac{\mathrm{i}}{2}} \mathrm{e}^{\pi z}\,\mathrm{d}z = \frac{1}{\pi}\mathrm{e}^{\pi z}\bigg|_{\mathrm{i}}^{\frac{\mathrm{i}}{2}} = \frac{1}{\pi}(\mathrm{e}^{\frac{\pi}{2}\mathrm{i}}-\mathrm{e}^{\pi\mathrm{i}}) = \frac{1}{\pi}(1+\mathrm{i}).$$

（2）由于被积函数是一个多项式函数,它在全平面内解析,故其积分与路径无关,所以

$$\int_1^3 (z-1)^3 \mathrm{d}z = \left.\frac{(z-1)^4}{4}\right|_1^3 = 4.$$

说明　对于复积分来说,其积分一般与积分路径有关;而对解析函数来说,其积分与积分路径无关,如例 2.19 与例 2.20.

例 2.21　对什么样的封闭曲线 C,有 $\oint_C \dfrac{1}{z^2+z+1}\mathrm{d}z = 0$?

解　z^2+z+1 的两个零点为

$$z_1 = -\frac{1}{2} + \frac{\sqrt{3}}{2}\mathrm{i}, \quad z_2 = -\frac{1}{2} - \frac{\sqrt{3}}{2}\mathrm{i},$$

仅当曲线 C 有以下两种情形时其积分才为 0.

（1）z_1, z_2 全在 C 的外部（见图 2-18(a)）,由柯西积分定理知其积分为 0;

（2）z_1, z_2 全在 C 的内部（见图 2-18(b)）,则有

$$\oint_C \frac{1}{z^2+z+1}\mathrm{d}z = \frac{1}{z_1-z_2}\oint_C \left(\frac{1}{z-z_1} - \frac{1}{z-z_2}\right)\mathrm{d}z = \frac{1}{z_1-z_2}(2\pi\mathrm{i} - 2\pi\mathrm{i}) = 0.$$

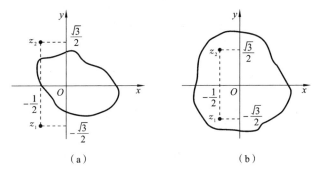

（a）　　　　　　　　　　　　（b）

图 2-18

例 2.22　下面解题过程是否正确? 如果不正确,请指出错误原因并改正.

$$\oint_{|z|=\frac{3}{2}} \frac{1}{z(z-1)}\mathrm{d}z = \oint_{|z|=\frac{3}{2}} \frac{1/z}{z-1}\mathrm{d}z = 2\pi\mathrm{i}\left.\frac{1}{z}\right|_{z=1} = 2\pi\mathrm{i}.$$

解　错误.其原因是在应用柯西积分公式时没有考虑公式条件是否满足.柯西积分公式要求其中的函数 $f(z)$ 在 C 的内部处处解析,而 $f(z) = \dfrac{1}{z}$ 在圆周 C 的内部的 $z=0$ 处不解析,所以不能应用柯西积分公式来求解.正确的解法为

$$\oint_{|z|=\frac{3}{2}} \frac{1}{z(z-1)}\mathrm{d}z = \oint_{|z|=\frac{3}{2}} \frac{1}{z-1}\mathrm{d}z - \oint_{|z|=\frac{3}{2}} \frac{1}{z}\mathrm{d}z = 2\pi\mathrm{i} - 2\pi\mathrm{i} = 0.$$

例 2.23　下面积分是否正确? 为什么?

$$\oint_{|z|=1}\frac{1}{(2z+1)(z-2)}\mathrm{d}z=\oint_{|z|=1}\frac{1/(z-2)}{2z+1}\mathrm{d}z=2\pi\mathrm{i}\lim_{z\to-1/2}\frac{1}{z-2}=-\frac{4\pi\mathrm{i}}{5}.$$

解　不正确. 其原因是不符合柯西积分公式中分母为 $z-z_0$ 的形式. 正确的积分过程为

$$\oint_{|z|=1}\frac{1}{(2z+1)(z-2)}\mathrm{d}z=\frac{1}{2}\oint_{|z|=1}\frac{1/(z-2)}{z+1/2}\mathrm{d}z=\pi\mathrm{i}\lim_{z\to-1/2}\frac{1}{z-2}=-\frac{2\pi\mathrm{i}}{5}.$$

例 2.24　计算积分 $\oint_{|z|=\frac{3}{2}}\frac{\mathrm{e}^z}{(z+2)(z-1)^2}\mathrm{d}z.$

解　积分区域内只有一个不解析点 $z=1$, 应用高阶导数公式得

$$\oint_{|z|=\frac{3}{2}}\frac{\mathrm{e}^z}{(z+2)(z-1)^2}\mathrm{d}z=\oint_{|z|=\frac{3}{2}}\frac{\mathrm{e}^z/(z+2)}{(z-1)^2}\mathrm{d}z=2\pi\mathrm{i}\left(\frac{\mathrm{e}^z}{z+2}\right)'\Big|_{z=1}=\frac{4\mathrm{e}\pi\mathrm{i}}{9}.$$

本 章 小 结

本章主要研究了解析函数的积分理论,学习了复变函数积分概念、基本性质,给出了复积分存在的充分条件和计算方法. 重点介绍了柯西积分定理、复合闭路定理,学习了柯西积分公式及高阶导数公式,这两个公式既有理论意义,又有实际应用价值,它们都是计算积分的重要工具,最后研究了解析函数与调和函数的关系.

复积分计算是本章学习的重点. 主要掌握三种方法:① 利用积分曲线的参数方程将复积分转化为定积分;② 利用牛顿-莱布尼茨公式计算解析函数的积分;③ 利用柯西积分公式或高阶导数公式结合柯西积分定理、复合闭路定理计算沿封闭曲线的积分. 其中第三种方法是复积分计算的常用方法.

1. 复积分的计算方法

设 $f(z)=u(x,y)+\mathrm{i}v(x,y)$ 在光滑曲线 C 上连续, 曲线 $C:z=z(t)(\alpha\leqslant t\leqslant\beta)$, 起点为 $z(\alpha)$, 终点为 $z(\beta)$, 则有

$$\int_C f(z)\mathrm{d}z=\int_C u\mathrm{d}x-v\mathrm{d}y+\mathrm{i}\int_C v\mathrm{d}x+u\mathrm{d}y,$$

$$\int_C f(z)\mathrm{d}z=\int_{t_1}^{t_2}f(z(t))z'(t)\mathrm{d}t,$$

其中 t_1,t_2 分别是曲线 C 的起点和终点所对应的参数.

2. 复积分的性质

$$(1)\int_C[\alpha f(z)+\beta g(z)]\mathrm{d}z=\alpha\int_C f(z)\mathrm{d}z+\beta\int_C g(z)\mathrm{d}z,\text{其中}\ \alpha,\beta\ \text{为任意复常}$$

数；

(2) $\int_{C^-} f(z)\mathrm{d}z = -\int_C f(z)\mathrm{d}z$，其中 C 与 C^- 为方向相反的曲线；

$$\int_C f(z)\mathrm{d}z = \int_{C_1} f(z)\mathrm{d}z + \int_{C_2} f(z)\mathrm{d}z，其中\ C = C_1 + C_2.$$

3. 柯西积分定理

设 $f(z)$ 在复平面上单连通区域 D 内解析，C 为区域 D 内任一条简单闭曲线，则

$$\oint_C f(z)\mathrm{d}z = 0.$$

4. 牛顿-莱布尼茨公式

若 $f(z)$ 在单连通区域 D 内解析，则

$$\int_{z_1}^{z_2} f(z)\mathrm{d}z = F(z)\Big|_{z_1}^{z_2} = F(z_2) - F(z_1)，$$

其中 $F'(z) = f(z)$，$z_1, z_2 \in D$.

5. 复合闭路定理

设 $C_1, C_2, \cdots, C_n$ 是 n 条不相交也互不包含的简单闭曲线，它们都在简单闭曲线 C 的内部，又设函数 $f(z)$ 在由 C 及 $C_1, C_2, \cdots, C_n$ 所围成的多连通区域 D 内解析，在 $\overline{D} = D + C + C_1 + C_2 + \cdots + C_n$ 上连续，则有

(1) $\oint_C f(z)\mathrm{d}z = \sum_{k=1}^{n} \oint_{C_k} f(z)\mathrm{d}z$，其中 C 及 C_k 都取逆时针方向；

(2) $\oint_\Gamma f(z)\mathrm{d}z = \oint_C f(z)\mathrm{d}z + \sum_{k=1}^{n} \oint_{C_k^-} f(z)\mathrm{d}z = 0$，其中 Γ 是由 C 及 $C_k (k = 1, 2, \cdots, n)$ 所组成的复合闭路，C 取逆时针方向，C_k^- 取顺时针方向.

6. 柯西积分公式

设 $f(z)$ 在简单正向闭曲线 C 上及其内部 D 内解析，而 z_0 是 D 内的任一点，则

$$f(z_0) = \frac{1}{2\pi\mathrm{i}} \oint_C \frac{f(z)}{z - z_0}\mathrm{d}z.$$

7. 高阶求导公式

设 $f(z)$ 在 D 内及其边界 C 上解析，C 为正向简单闭曲线，则 $f^{(n)}(z)$ 在 D 内解析，并且对任意的 $z_0 \in D$，有

$$f^{(n)}(z_0) = \frac{n!}{2\pi\mathrm{i}} \oint_C \frac{f(z)}{(z - z_0)^{n+1}}\mathrm{d}z \quad (n = 1, 2, \cdots).$$

数学家简介——柯西

柯西(Cauchy,1789—1857)是法国数学家、物理学家.
19世纪初期,微积分已发展成一个庞大的体系,内容丰
富,应用非常广泛.与此同时,它的薄弱之处也越来越明显
地暴露出来,微积分的理论基础并不严格.为解决新问题
并澄清微积分概念,数学家们展开了数学分析严谨化的工
作,在分析基础的奠基工作中,做出卓越贡献的要首推伟
大的数学家柯西.

柯西1789年8月21日出生于巴黎.父亲是一位精通古典文学的律师,与法
国当时的大数学家拉格朗日和拉普拉斯交往密切.柯西少年时代的数学才华颇
受这两位数学家的赞赏,并预言柯西日后必成大器.拉格朗日向其父建议"赶快
给柯西一种坚实的文学教育",以便他的爱好不致把他引入歧途.父亲因此加强
了对柯西文学教养的培养,使他在诗歌方面也表现出很高的才华.

1807年至1810年,柯西在巴黎综合理工学院学习.柯西在数学上的最大贡
献是在微积分中引进了极限概念,并以极限为基础建立了逻辑清晰的分析体系.
这是微积分发展史上的精华,也是柯西对人类科学发展所做的巨大贡献.1821
年,柯西提出极限定义的ε方法,把极限过程用不等式来刻画,后经维尔斯特拉斯
改进,成为现在所说的柯西极限定义(即ε-δ定义).

数学分析严谨化的工作一开始就产生了很大的影响.在一次学术会议上,柯
西提出了级数收敛性理论.会后,拉普拉斯急忙赶回家中,根据柯西的严谨判别
法,逐一检查其巨著《天体力学》中所用到的级数是否都收敛.

柯西在其他方面的研究成果也很丰富.复变函数的微积分理论就是由他创
立的,在代数、理论物理、光学、弹性理论等方面,也有突出贡献.柯西的数学成就
不仅辉煌,而且数量惊人.柯西的论著有800多篇,在数学史上是仅次于欧拉的多
产数学家.他的光辉名字与许多定理、准则一起铭刻在当今许多教材中.

习　题　二

A　　题

1. $\displaystyle\int_0^i (3e^z + 2z)\mathrm{d}z = $ ＿＿＿＿.

2. 设 C 为正向圆周 $|z| = 3$,则积分 $\displaystyle\oint_C \left(z + \frac{2}{z}\right)\mathrm{d}z = $ ＿＿＿＿.

3. 设 C 为正向圆周 $|z| = 1$,则积分 $\displaystyle\oint_C \frac{\mathrm{d}z}{(z - 1 + i)^2}$ 值为(　　　).

A. 0　　　　　　　　B. $\dfrac{1}{2\pi i}$　　　　　　C. $2\pi i$　　　　　　　D. πi

4. 若函数 $f(z)$ 在正向简单闭曲线 C 所围的区域 D 内解析,在 C 上连续,且 $z = a$ 为 D 内一点,n 为正整数,则积分 $\displaystyle\oint_C \frac{f(z)\mathrm{d}z}{(z - a)^{n+1}}$ 值为(　　　).

A. $\dfrac{2\pi i}{(n + 1)!} f^{(n+1)}(a)$　　　　　　　　B. $\dfrac{2\pi i}{n!} f(a)$

C. $2\pi i f^{(n)}(a)$　　　　　　　　　　　D. $\dfrac{2\pi i}{n!} f^{(n)}(a)$

5. 计算积分 $\displaystyle\int_C (z + |z|)\mathrm{d}z$,其中 C 是连接从 0 到 $1 - i$ 的直线段.

6. 计算积分 $\displaystyle\oint_C \frac{e^z}{z^{100}}\mathrm{d}z$,其中 C:$|z| = 3$ 取正向.

7. 已知调和函数
$$v = e^x(y\cos y + x\sin y) + x + y,$$
求解析函数 $f(z) = u + vi$,使 $f(0) = 0$.

8. 沿下列路径计算积分 $\displaystyle\int_0^{3+i} z^2 \mathrm{d}z$.

(1) 自原点至 $3 + i$ 的直线段;

(2) 自原点沿实轴至 3,再由 3 铅直向上至 $3 + i$;

(3) 自原点沿虚轴至 i,再由 i 沿水平方向向右至 $3 + i$.

9. 利用估值定理,证明 $\left|\displaystyle\int_C (x^2 + y^2 i)\mathrm{d}z\right| \leqslant 2$,其中 C 为连接 $-i$ 到 i 的直线段.

10. 计算积分 $\displaystyle\int_{-2}^{-2+i} (z + 2)^2 \mathrm{d}z$.

11. 计算积分$\int_C (z^2 + \sin z)\mathrm{d}z$,其中 C 为摆线

$$x = a(\theta - \sin\theta), \quad y = a(1 - \cos\theta)$$

从 $\theta = 0$ 到 $\theta = 2\pi$ 的一段.

12. 计算积分$\oint_C \dfrac{3z-1}{z(z-1)}\mathrm{d}z$,其中 C 为正向圆周 $|z| = 2$.

13. 计算积分$\oint_C \dfrac{1}{(z+2)(z-\mathrm{i})}\mathrm{d}z$,其中 C 为正向圆周 $|z| = 3$.

14. 分别由下列条件求解析函数 $f(z) = u + v\mathrm{i}$.

(1) $u = x^3 - 3xy^2, f(0) = \mathrm{i}$;

(2) $u = x^2 + xy - y^2, f(\mathrm{i}) = -1 + \mathrm{i}$;

(3) $u = \mathrm{e}^x(x\cos y - y\sin y), f(0) = 0$.

B　题

1. 计算积分$\int_{-1}^{1} \bar{z}\,\mathrm{d}z$,积分路径取作:

(1) 沿单位圆的上半圆周;

(2) 沿单位圆的下半圆周.

2. 计算积分$\int_{1}^{-1} (z^2 - z + 2)\mathrm{d}z$,积分路径为单位圆的上半圆周.

3. 计算积分$\oint_C \dfrac{3z^2 - z + 1}{(z-1)^3}\mathrm{d}z$,其中 C 是包围 $z = 1$ 的任意简单闭曲线,取正向.

4. 计算积分$\oint_C \dfrac{\sin z}{z^2 + 9}\mathrm{d}z$,其中 C: $|z - 2\mathrm{i}| = 2$.

5. 计算积分$\oint_C \dfrac{z}{(2z+1)(z-2)}\mathrm{d}z$,其中 C: $|z - 2| = 1$,取正向.

6. 计算积分$\oint_C \dfrac{\sin z}{\left(z - \dfrac{\pi}{2}\right)^2}\mathrm{d}z$,其中 C: $|z| = 2$,取正向.

7. 计算积分$\oint_{C=C_1+C_2} \dfrac{\cos z}{z^3}\mathrm{d}z$,其中 C_1: $|z| = 2$,取正向;C_2: $|z| = 3$,取负向.

8. 设 C 为不经过 a 和 $-a$ 的正向简单闭曲线,a 为不等于零的任何复数,试就 a 和 $-a$ 与 C 的各种不同位置,计算积分$\oint_C \dfrac{z}{z^2 - a^2}\mathrm{d}z$ 的值.

第3章 级数与留数

级数是复变函数中的重要组成部分,它是研究解析函数的一个重要工具,它的概念、理论与方法是实数域内的无穷级数在复数域内的推广和发展.级数在理论上和实际应用上都有很大的价值,如数学物理方程的求解,常常需用级数来表示;级数还可用来计算函数、积分等的近似值.

复变函数的积分对级数理论的建立起到了重要作用,本章进一步介绍复变函数积分的一些应用,首先给出了孤立奇点的分类和性质,然后通过柯西积分理论引入留数概念,介绍留数的求法,之后应用留数定理来计算一些实函数的定积分和无穷限广义积分.

3.1 幂级数及其展开

3.1.1 幂级数

定义 3.1 设 $\{z_n\}(n=1,2,3,\cdots)$ 为一复数列,表达式

$$\sum_{n=1}^{+\infty} z_n = z_1 + z_2 + \cdots + z_n + \cdots \tag{3-1}$$

称为**复数项级数**.其前 n 项之和

$$S_n = z_1 + z_2 + \cdots + z_n$$

称为**级数的前** n **项部分和**. 若部分和数列 $\{S_n\}$ 收敛于 S, 则称级数 $\sum\limits_{n=1}^{+\infty} z_n$ **收敛**, 且其和为 S; 若部分和数列 $\{S_n\}$ 不收敛, 则称级数 $\sum\limits_{n=1}^{+\infty} z_n$ **发散**. 若级数 $\sum\limits_{n=1}^{+\infty} |z_n|$ 收敛, 则称原级数 $\sum\limits_{n=1}^{+\infty} z_n$ **绝对收敛**.

设 $z_n = x_n + \mathrm{i} y_n$, 则

$$S_n = z_1 + z_2 + \cdots + z_n = (x_1 + x_2 + \cdots + x_n) + \mathrm{i}(y_1 + y_2 + \cdots + y_n)$$
$$= \sum_{k=1}^{n} x_k + \mathrm{i} \sum_{k=1}^{n} y_k.$$

于是得到如下定理.

定理 3.1　级数 $\sum\limits_{n=1}^{+\infty} z_n$ 收敛的充要条件是级数 $\sum\limits_{n=1}^{+\infty} x_n$, $\sum\limits_{n=1}^{+\infty} y_n$ 都收敛.

由此可见, 复数项级数的收敛问题可以转化为实数项级数的收敛问题. 比如

$$\sum_{n=1}^{\infty} \frac{\mathrm{i}^n}{n} = -\left(\frac{1}{2} - \frac{1}{4} + \frac{1}{6} - \frac{1}{8}\right) + \mathrm{i}\left(1 - \frac{1}{3} + \frac{1}{5} - \frac{1}{7} + \cdots\right)$$
$$= \sum_{n=1}^{\infty} (-1)^n \frac{1}{2n} + \mathrm{i} \sum_{n=1}^{\infty} (-1)^{n+1} \frac{1}{2n-1}.$$

因为级数 $\sum\limits_{n=1}^{\infty} (-1)^n \dfrac{1}{2n}$ 和 $\sum\limits_{n=1}^{\infty} (-1)^{n+1} \dfrac{1}{2n-1}$ 均收敛, 故级数 $\sum\limits_{n=1}^{\infty} \dfrac{\mathrm{i}^n}{n}$ 收敛.

不难看到, 关于实数项级数的相关概念与性质完全可以类推到复数项级数的情形.

例如, 由实数项级数收敛的必要条件可知: 若复数项级数 $\sum\limits_{n=1}^{\infty} z_n$ 收敛, 则 $\lim\limits_{n \to \infty} z_n = 0$.

定义 3.2　具有

$$\sum_{n=0}^{+\infty} c_n(z-z_0)^n = c_0 + c_1(z-z_0) + c_2(z-z_0)^2 + \cdots + c_n(z-z_0)^n + \cdots$$

$$(3-2)$$

形式的复函数项级数称为**幂级数**, 其中 $c_n (n=0,1,2,\cdots)$ 和 z_0 都是复常数, z 为复变量.

当 $z_0 = 0$ 时, 有

$$\sum_{n=0}^{+\infty} c_n z^n = c_0 + c_1 z + c_2 z^2 + \cdots + c_n z^n + \cdots.$$

使幂级数 $\sum\limits_{n=0}^{+\infty} c_n z^n$ 收敛的点 z 称为该幂级数的**收敛点**,若点 z 使幂级数 $\sum\limits_{n=0}^{+\infty} c_n z^n$ 发散,则称点 z 为其**发散点**,称 $\sum\limits_{n=0}^{+\infty} c_n z^n$ 的收敛点集为该幂级数的**收敛域**. 若在收敛域内的任意一点 z,有

$$\sum_{n=0}^{+\infty} c_n z^n = S(z) ,$$

则称 $S(z)$ 为级数 $\sum\limits_{n=0}^{+\infty} c_n z^n$ 的**和函数**.

同实变函数的幂级数一样,复变函数也有所谓幂级数的收敛定理,即阿贝尔(Abel)定理,它是幂级数理论中一个最基本的定理,说明了幂级数的收敛特性.

定理 3.2(阿贝尔定理)　若幂级数 $\sum\limits_{n=0}^{+\infty} c_n z^n$ 在 $z = z_0 (z_0 \neq 0)$ 处收敛,则对满足 $|z| < |z_0|$ 的任何 z,级数 $\sum\limits_{n=0}^{+\infty} c_n z^n$ 必绝对收敛;若在 $z = z_0 (z_0 \neq 0)$ 处级数发散,则对满足 $|z| > |z_0|$ 的任何 z,级数 $\sum\limits_{n=0}^{+\infty} c_n z^n$ 必发散.

证明　由于级数 $\sum\limits_{n=0}^{+\infty} c_n z_0^n$ 收敛,根据级数收敛的必要条件,有

$$\lim_{n \to +\infty} c_n z_0^n = 0,$$

因而存在正数 M,使得对所有的 n,有

$$|c_n z_0^n| < M.$$

因此当 $|z| < |z_0|$,即 $\dfrac{|z|}{|z_0|} = q < 1$ 时,有

$$\left| c_n z^n \right| = \left| c_n z_0^n \right| \left| \frac{z}{z_0} \right|^n < M q^n.$$

由于 $\sum\limits_{n=0}^{+\infty} M q^n$ 为公比小于 1 的等比级数,所以级数 $\sum\limits_{n=0}^{+\infty} M q^n$ 收敛. 根据正项级数的比较审敛法知,$\sum\limits_{n=0}^{+\infty} |c_n z^n|$ 收敛,故当 $|z| < |z_0|$ 时,幂级数 $\sum\limits_{n=0}^{+\infty} c_n z^n$ 绝对收敛.

后一部分结论可用反证法证明. 假设在圆域 $|z| \leqslant |z_0|$ 外部有一点 z_1,而幂级数在这一点是收敛的,则由上述结论知,这个幂级数在 $|z| < |z_1|$ 内绝对收敛,又因为 $|z_0| < |z_1|$,所以它在 z_0 点是收敛的,这就与已知的条件相矛盾,因而定理成立.

对于一般的幂级数 $\sum\limits_{n=0}^{+\infty} c_n (z - z_0)^n$,通过变换 $w = z - z_0$,可化为级数 $\sum\limits_{n=0}^{+\infty} c_n w^n$

来讨论. 因此利用阿贝尔定理, 可以确定任何幂级数的收敛范围.

一般来讲, 幂级数 $\sum\limits_{n=0}^{+\infty} c_n z^n$ 的敛散性不外乎有下列三种情形:

(1) 幂级数 $\sum\limits_{n=0}^{+\infty} c_n z^n$ 仅在 $z=0$ 处收敛, 除原点外处处发散, 如级数 $\sum\limits_{n=0}^{+\infty} n^n z^n$;

(2) 幂级数 $\sum\limits_{n=0}^{+\infty} c_n z^n$ 在整个复平面上都收敛, 如级数 $\sum\limits_{n=0}^{+\infty} \frac{1}{n^n} z^n$;

(3) 幂级数 $\sum\limits_{n=0}^{+\infty} c_n z^n$ 在圆周 $|z|=R$ 的内部绝对收敛, 在圆周 $|z|=R$ 的外部处处发散.

对于情形(3), 若存在一点 $z_1 \neq 0$, 使得 $\sum\limits_{n=0}^{+\infty} c_n z_1^n$ 收敛(此时根据阿贝尔定理, 它必在圆域 $|z|<|z_1|$ 内绝对收敛), 另外又存在一点 z_2, 使得 $\sum\limits_{n=0}^{+\infty} c_n z_2^n$ 发散(肯定有 $|z_1|<|z_2|$, 根据阿贝尔定理知, 它必在圆周 $|z|=|z_2|$ 的外部发散), 如图 3-1 所示. 这样一定存在一个收敛与发散的分界圆周 $|z|=R(R>0)$, 称之为此幂级数的**收敛圆**, 其半径 R 称为**收敛半径**.

图 3-1

为表示方便, 记情形(1)时的收敛半径 $R=0$; 记情形(2)时的收敛半径 $R=+\infty$.

例 3.1 求幂级数

$$\sum_{n=0}^{+\infty} z^n = 1 + z + z^2 + \cdots + z^n + \cdots$$

的收敛域与和函数.

解 级数的部分和为

$$S_n = 1 + z + z^2 + \cdots + z^n = \frac{1-z^n}{1-z} \quad (z \neq 1).$$

当 $|z| < 1$ 时,由于 $\lim\limits_{n \to +\infty} z^n = 0$,从而有

$$\lim_{n \to +\infty} S_n = \frac{1}{1-z},$$

即当 $|z| < 1$ 时,级数 $\sum\limits_{n=0}^{+\infty} z^n$ 收敛,和函数为 $\dfrac{1}{1-z}$.

当 $|z| \geqslant 1$ 时,由于 $n \to +\infty$ 时,级数的一般项 z^n 不趋于零,故由级数收敛的必要条件知级数发散.

因此,收敛半径 $R = 1$,收敛域为 $|z| < 1$,且当 $|z| < 1$ 时,有

$$1 + z + z^2 + \cdots + z^n + \cdots = \frac{1}{1-z}.$$

关于幂级数 $\sum\limits_{n=0}^{+\infty} c_n z^n$ 收敛半径 R 的一般求法,有类似于实函数幂级数的结论,它们是求收敛半径的常用方法. 例如:

(1) 比值法:若 $\lim\limits_{n \to +\infty} \left| \dfrac{c_{n+1}}{c_n} \right| = l$,则级数 $\sum\limits_{n=0}^{+\infty} c_n z^n$ 的收敛半径为 $R = \dfrac{1}{l}$;

(2) 根值法:若 $\lim\limits_{n \to +\infty} \sqrt[n]{|c_n|} = l$,则级数 $\sum\limits_{n=0}^{+\infty} c_n z^n$ 的收敛半径为 $R = \dfrac{1}{l}$.

特别地,当 $l = 0$ 时,$R = +\infty$;当 $l = \infty$ 时,$R = 0$.

例 3.2　试求幂级数 $\sum\limits_{n=1}^{+\infty} \dfrac{(z-1)^n}{n}$ 的收敛半径,并讨论 $z = 0$ 和 $z = 2$ 时级数的收敛性.

解　因 $\lim\limits_{n \to +\infty} \left| \dfrac{c_{n+1}}{c_n} \right| = \lim\limits_{n \to +\infty} \dfrac{n}{n+1} = 1$,故 $R = 1$.

在收敛圆 $|z - 1| = 1$ 上,当 $z = 0$ 时,原级数为 $\sum\limits_{n=1}^{+\infty} \dfrac{(-1)^n}{n}$,级数收敛;当 $z = 2$ 时,原级数为 $\sum\limits_{n=1}^{+\infty} \dfrac{1}{n}$,级数发散.

这个例子表明,在收敛圆周上的情况比较复杂,有可能收敛,也有可能发散,要根据级数的情况具体分析.

例 3.3　试求下列各幂级数的收敛半径.

(1) $\sum\limits_{n=1}^{+\infty} \dfrac{z^n}{n^3}$;　　　　(2) $\sum\limits_{n=1}^{+\infty} n! \, z^n$.

解　(1) 由比值法有

$$\lim_{n \to +\infty} \left| \frac{c_{n+1}}{c_n} \right| = \lim_{n \to +\infty} \left(\frac{n}{n+1} \right)^3 = 1,$$

或用根值法来求,有

$$\lim_{n \to +\infty} \sqrt[n]{|c_n|} = \lim_{n \to +\infty} \sqrt[n]{\frac{1}{n^3}} = \lim_{n \to +\infty} \frac{1}{\sqrt[n]{n^3}} = 1,$$

则收敛半径 $R=1$. 即原级数在圆 $|z|=1$ 内收敛,在圆周外发散.

在圆周 $|z|=1$ 上,级数

$$\sum_{n=1}^{+\infty} \left| \frac{z^n}{n^3} \right| = \sum_{n=1}^{+\infty} \frac{1}{n^3}$$

是收敛的.因为这是一个 p 级数,$p=3>1$,所以原级数在收敛圆上是处处收敛的.

(2) 因为

$$\lim_{n \to +\infty} \left| \frac{c_{n+1}}{c_n} \right| = \lim_{n \to +\infty} \frac{(n+1)!}{n!} = +\infty,$$

所以收敛半径 $R=0$.

例 3.4　把函数 $\dfrac{1}{z-2}$ 表示成形如 $\displaystyle\sum_{n=0}^{+\infty} c_n(z-1)^n$ 的幂级数.

解　把函数 $\dfrac{1}{z-2}$ 写成如下形式:

$$\frac{1}{z-2} = \frac{1}{(z-1)-1} = -\frac{1}{1-(z-1)}.$$

由例 3.1 知,当 $|z-1|<1$ 时,有

$$\frac{1}{1-(z-1)} = 1+(z-1)+(z-1)^2+\cdots+(z-1)^n+\cdots,$$

从而得

$$\frac{1}{z-2} = -1-(z-1)-(z-1)^2-\cdots-(z-1)^n-\cdots.$$

由本题的解题步骤可以看出:将函数 $f(z)=\dfrac{1}{z-b}$ 展成 $z-a$ 的幂级数,首先要把函数作代数变形成 $z-a$ 的函数,再按照已知函数 $\dfrac{1}{1-z}$ 的展开式形式写成 $\dfrac{1}{1-g(z)}$,其中 $g(z)=\dfrac{z-a}{b-a}$;然后把 $\dfrac{1}{1-z}$ 展开式中的 z 换成 $g(z)$. 而收敛半径 R 可由 $\left| \dfrac{z-a}{b-a} \right|<1$ 推得.

复变函数的幂级数的性质与实变函数的幂级数的性质类似,也可以逐项求导,逐项积分,表述如下.

定理 3.3　设幂级数 $f(z) = \sum\limits_{n=0}^{+\infty} c_n(z-z_0)^n$ 的收敛半径为 R,则

(1) $f(z)$ 是收敛圆域 $|z-z_0|=R$ 内的解析函数;

(2) $f(z)$ 在收敛圆域内可以逐项求导,即

$$f'(z) = \sum_{n=1}^{+\infty} nc_n(z-z_0)^{n-1} \ ;$$

(3) $f(z)$ 在收敛圆域内可以逐项积分,即

$$\int_{z_0}^{z} f(\xi)\mathrm{d}\xi = \sum_{n=0}^{+\infty} \frac{c_n}{n+1}(z-z_0)^{n+1}.$$

运用这些性质,不仅可以简便地求某些级数的和函数,还可以方便地将一些函数展开成幂级数.

3.1.2　泰勒级数

我们已经知道,一个幂级数的和函数在其收敛圆内就是一个解析函数,那么,一个解析函数是否可以展开成幂级数呢? 这个问题不仅具有理论意义,而且具有实用价值.

对于在圆域 D 内解析的函数 $f(z)$,具有下面的定理.

定理 3.4(泰勒展开定理)　设函数 $f(z)$ 在圆域

$$D: |z-z_0| < R$$

内解析,则对该圆域内任意点 z,$f(z)$ 可展开成幂级数

$$f(z) = \sum_{n=0}^{+\infty} c_n(z-z_0)^n \ , \tag{3-3}$$

其中,　　　$c_n = \dfrac{f^{(n)}(z_0)}{n!} = \dfrac{1}{2\pi\mathrm{i}} \oint_C \dfrac{f(z)}{(z-z_0)^{n+1}} \mathrm{d}z \quad (n=0,1,2,\cdots),$

这里的 C 为任意圆周 $|z-z_0|=\rho<R$,且展开式是唯一的.

　*　**证明**　设 $z \in D$,以 z_0 为圆心、r 为半径在 D 内作一个圆 C,使 z 在圆 C 内部 (见图 3-2),根据柯西积分公式,有

$$f(z) = \frac{1}{2\pi\mathrm{i}} \oint_C \frac{f(\xi)}{\xi-z} \mathrm{d}\xi. \tag{3-4}$$

由于当 $\xi \in C$ 时,$\left| \dfrac{z-z_0}{\xi-z_0} \right| = q < 1$,故

$$\frac{1}{\xi-z} = \frac{1}{\xi-z_0-(z-z_0)} = \frac{1}{\xi-z_0} \cdot \frac{1}{1-\dfrac{z-z_0}{\xi-z_0}} = \sum_{n=0}^{+\infty} \frac{(z-z_0)^n}{(\xi-z_0)^{n+1}}.$$

将上式代入式(3-4),有

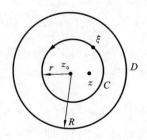

图 3-2

$$f(z) = \frac{1}{2\pi i} \oint_C \left[\sum_{n=0}^{N-1} \frac{f(\xi)\mathrm{d}\xi}{(\xi - z_0)^{n+1}} \right] (z - z_0)^n + R_N(z),$$

其中，
$$R_N(z) = \frac{1}{2\pi i} \oint_C \left[\sum_{n=N}^{+\infty} \frac{f(\xi)}{(\xi - z_0)^{n+1}} (z - z_0)^n \right] \mathrm{d}\xi.$$

下证 $\lim\limits_{N \to +\infty} R_N(z) = 0$.

由于 $f(z)$ 在 D 内解析，从而在 C 上连续，因此存在一个正常数 M，在 C 上 $|f(\xi)| \leqslant M$. 又由于

$$\left| \frac{z - z_0}{\xi - z_0} \right| = \frac{|z - z_0|}{r} = q < 1.$$

由估值不等式，有

$$|R_N(z)| \leqslant \frac{1}{2\pi} \oint_C \left| \sum_{n=N}^{+\infty} \frac{f(\xi)}{(\xi - z_0)^{n+1}} (z - z_0)^n \right| \mathrm{d}s$$

$$\leqslant \frac{1}{2\pi} \sum_{n=N}^{+\infty} \frac{M}{r} q^n \cdot 2\pi r = \frac{Mq^N}{1 - q}.$$

因为 $\lim\limits_{N \to \infty} q^N = 0$，所以 $\lim\limits_{N \to \infty} R_N(z) = 0$ 在 C 内成立，从而

$$f(z) = \frac{1}{2\pi i} \oint_C \frac{f(\xi)\mathrm{d}\xi}{\xi - z_0} + \frac{z - z_0}{2\pi i} \oint_C \frac{f(\xi)\mathrm{d}\xi}{(\xi - z_0)^2} + \cdots + \frac{(z - z_0)^n}{2\pi i} \oint_C \frac{f(\xi)\mathrm{d}\xi}{(\xi - z_0)^{n+1}} + \cdots$$

$$= \sum_{n=0}^{+\infty} \left[\frac{1}{2\pi i} \oint_C \frac{f(\xi)\mathrm{d}\xi}{(\xi - z_0)^{n+1}} \right] (z - z_0)^n.$$

利用解析函数的高阶导数公式，上式即为

$$f(z) = \sum_{n=0}^{+\infty} c_n (z - z_0)^n,$$

其中
$$c_n = \frac{1}{2\pi i} \oint_C \frac{f(\xi)\mathrm{d}\xi}{(z - z_0)^{n+1}} = \frac{f^{(n)}(z_0)}{n!} \quad (n = 0, 1, 2, \cdots).$$

这样就证明了 $f(z)$ 在 $|z - z_0| < R$ 内的幂级数展开式(3-4).

下面证明幂级数展开式的唯一性.

假设 $f(z)$ 在 $|z-z_0|<R$ 内可展开为另一幂级数

$$f(z) = \sum_{n=0}^{+\infty} d_n (z-z_0)^n.$$

因为幂级数在收敛圆域内可以逐项求导,对上式求各阶导数,并令 $z=z_0$,可得到系数

$$d_n = \frac{f^n(z_0)}{n!} = c_n \quad (n=0,1,2,\cdots),$$

故 $f(z)$ 的展开式是唯一的. 于是定理得证.

式(3-3)称为 $f(z)$ **在点 z_0 处的泰勒展开式**,其右端的级数称为 $f(z)$ **在点 z_0 处的泰勒级数**, c_n **为展开式的泰勒系数**.

应当指出,若函数 $f(z)$ 在区域 D 内有奇点,则 $f(z)$ 在点 z_0 处也可以展开成泰勒级数,其收敛半径等于点 z_0 到 $f(z)$ 的离 z_0 最近的一个奇点 z_1 的距离,即 $R = |z_1 - z_0|$,如图 3-3 所示.

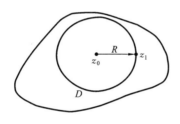

图 3-3

将泰勒定理与幂级数的性质结合起来,就得到一个很重要的结论:

推论　函数在一点解析的充要条件是:它在该点的邻域内可以展开为幂级数.

这一性质从级数的角度深刻地反映了解析函数的本质.因为任何解析函数的泰勒展开式是唯一的,所以,用任何可能的方法将解析函数在其解析点的邻域内展开为幂级数,其结果都是相同的.下面举例说明.

1. 直接展开法

直接展开法就是直接算出各阶导数后代入泰勒展开式而得到的.

例如 $f(z) = e^z$,取 $z_0 = 0$,则由泰勒展开定理得

$$c_n = \frac{1}{n!} (e^z)^{(n)} \Big|_{z=0} = \frac{e^z}{n!} \Big|_{z=0} = \frac{1}{n!},$$

所以　　　$e^z = \sum_{n=0}^{+\infty} \frac{z^n}{n!} = 1 + z + \frac{z^2}{2!} + \cdots + \frac{z^n}{n!} + \cdots, \quad |z| < +\infty.$

同理有　$\sin z = z - \dfrac{z^3}{3!} + \dfrac{z^5}{5!} - \cdots + (-1)^{n-1}\dfrac{z^{2n-1}}{(2n-1)!} + \cdots,\quad |z| < +\infty$，

$\qquad\qquad \cos z = 1 - \dfrac{z^2}{2!} + \dfrac{z^4}{4!} - \cdots + (-1)^n\dfrac{z^{2n}}{(2n)!} + \cdots,\quad |z| < +\infty.$

可以看到,从形式上这些初等函数的泰勒展开式与实函数的泰勒展开式完全一样.

2. 间接展开法

间接展开法就是借助于一些已知的函数展开式,利用幂级数的运算性质和解析性质,以唯一性为依据来得到一个函数的泰勒展开式.

例 3.5　求 $f(z) = \ln(1+z)$ 在 $z=0$ 处的泰勒展开式.

解　由于 $\ln(1+z)$ 距 $z=0$ 最近的奇点为 $z=-1$,故函数 $\ln(1+z)$ 在 $|z|<1$ 内能展开成 z 的幂级数.

因为

$$\left[\ln(1+z)\right]' = \frac{1}{1+z} = \sum_{n=0}^{+\infty}(-1)^n z^n \quad (|z|<1),$$

所以在收敛圆 $|z|=1$ 内,任取一条从 0 到 z 的积分路线 C,将上式两边沿 C 逐项积分,得

$$\begin{aligned}
\ln(1+z) &= \int_0^z \frac{1}{1+z}\mathrm{d}z = \sum_{n=0}^{+\infty}(-1)^n\int_0^z z^n \mathrm{d}z \\
&= \sum_{n=0}^{+\infty}(-1)^n\frac{z^{n+1}}{n+1} \\
&= \sum_{n=1}^{+\infty}(-1)^{n-1}\frac{z^n}{n} \quad (|z|<1).
\end{aligned}$$

例 3.6　求函数 $f(z) = \dfrac{1}{z}$ 在 $z=1$ 处的泰勒展开式.

解　因为当 $|z|<1$ 时,$\dfrac{1}{1-z} = \sum\limits_{n=0}^{+\infty} z^n$,所以当 $|z-1|<1$ 时,

$$\frac{1}{z} = \frac{1}{1+(z-1)} = \sum_{n=0}^{+\infty}(-1)^n(z-1)^n.$$

例 3.5 和例 3.6 的方法是将函数展开成幂级数的常用方法.

例 3.7　求函数

$$f(z) = \frac{z}{z^2 - 2z + 5}$$

在 $z=1$ 处的泰勒展开式.

解　因为

$$\frac{z}{z^2-2z+5}=\frac{z-1}{4+(z-1)^2}+\frac{1}{4+(z-1)^2},$$

当 $|z-1|<2$ 时,有

$$\frac{1}{4+(z-1)^2}=\frac{1}{4\left[1+\frac{(z-1)^2}{4}\right]}=\frac{1}{4}\sum_{n=0}^{+\infty}\frac{(-1)^n}{4^n}(z-1)^{2n},$$

所以

$$\frac{z}{z^2-2z+5}=\frac{1}{4}\sum_{n=0}^{+\infty}\frac{(-1)^n}{4^n}(z-1)^{2n+1}+\frac{1}{4}\sum_{n=0}^{+\infty}\frac{(-1)^n}{4^n}(z-1)^{2n}$$

$$=\frac{1}{4}\sum_{n=0}^{+\infty}\frac{(-1)^n}{4^n}\left[(z-1)^{2n}+(z-1)^{2n+1}\right]\quad(|z-1|<2).$$

3.2　洛朗级数及其展开式

在圆域 $|z-z_0|<R$ 内的解析函数 $f(z)$ 可以展开成 $z-z_0$ 的幂级数,但是如果 $f(z)$ 在 $z=z_0$ 处不解析,那么在 z_0 的邻域内就不能用 $z-z_0$ 的幂级数表示.这种情况在实际问题中经常遇到,对其进行研究也具有很重要的意义.在这一节中,将讨论圆环域

$$r<|z-z_0|<R\quad(0\leqslant r<R<+\infty)$$

内解析函数的级数展开问题,它是计算留数的基础.

3.2.1　双边幂级数

定义 3.3　把如下形式的级数

$$\sum_{n=-\infty}^{+\infty}c_n(z-z_0)^n=\cdots+c_{-n}(z-z_0)^{-n}+\cdots+c_{-1}(z-z_0)^{-1}$$
$$+c_0+c_1(z-z_0)+\cdots+c_n(z-z_0)^n+\cdots\quad(3\text{-}5)$$

称为**双边幂级数**,其中 c_n 是复常数,称为级数(3-5)的系数,z_0 为复常数.

双边幂级数可以分为如下两部分:

$$\sum_{n=0}^{+\infty}C_n(z-z_0)^n=C_0+C_1(z-z_0)+\cdots+C_n(z-z_0)^n+\cdots\quad(\text{正幂项部分})$$

$$\sum_{n=1}^{+\infty}C_{-n}(z-z_0)^{-n}=C_{-1}(z-z_0)^{-1}+\cdots+C_{-n}(z-z_0)^{-n}+\cdots\quad(\text{负幂项部分})$$

如果在 $z=z_1$ 处,级数

$$\sum_{n=0}^{+\infty}c_n(z-z_0)^n\quad\quad\quad\quad\quad\quad(3\text{-}6)$$

和

$$\sum_{n=1}^{+\infty} c_{-n}(z-z_0)^{-n} \tag{3-7}$$

都收敛,则称级数(3-5)在 $z=z_1$ 处收敛.

级数(3-6)为通常的幂级数,设它的收敛半径为 R_2,那么当 $|z-z_0|<R_2$ 时,级数(3-6)收敛,当 $|z-z_0|>R_2$ 时,级数(3-6)发散.

级数(3-7)是一个含负幂项的级数,如果令 $\xi=(z-z_0)^{-1}$,那么就得到

$$\sum_{n=1}^{+\infty} c_{-n}(z-z_0)^{-n} = \sum_{n=1}^{+\infty} c_{-n}\xi^n = c_{-1}\xi + c_{-2}\xi^2 + \cdots + c_{-n}\xi^n + \cdots.$$

这样就转化为一个幂级数,设它的收敛半径为 R,则 $\sum_{n=1}^{+\infty} c_{-n}\xi^n$ 在 $|\xi|<R$ 时收敛,在 $|\xi|>R$ 时发散.

如果要判定级数(3-7)的收敛域,只需把 ξ 用 $(z-z_0)^{-1}$ 代回去就可以了. 令 $R_1=\dfrac{1}{R}$,由 $|\xi|<R$ 可以推出 $|z-z_0|>R_1$. 由此可见,级数(3-7)当 $|z-z_0|>R_1$ 时收敛,当 $|z-z_0|<R_1$ 时发散.

若 $R_1<R_2$,则级数(3-5)在圆环域 $D:R_1<|z-z_0|<R_2$ 内收敛. 双边幂级数和幂级数在收敛域内的性质非常类似,可以证明:**在其收敛圆环域内的和函数是解析函数并且可以逐项求导和逐项积分**. 当 $R_1>R_2$ 时,级数(3-5)的收敛域不存在.

3.2.2　洛朗级数

在圆环域 $R_1<|z-z_0|<R_2$ 内处处解析的函数可以展开成形如(3-5)的级数,我们给出下面的定理.

定理 3.5　设函数 $f(z)$ 在圆环域

$$D:R_1<|z-z_0|<R_2 \quad (0\leqslant R_1<R_2<+\infty)$$

内处处解析,则 $f(z)$ 在此圆环域内可以唯一地展开为

$$f(z) = \sum_{n=-\infty}^{+\infty} c_n(z-z_0)^n, \tag{3-8}$$

其中,　　　　$c_n = \dfrac{1}{2\pi i}\oint_C \dfrac{f(z)}{(z-z_0)^{n+1}}\mathrm{d}z \quad (n=0,\pm 1,\pm 2,\cdots),$

这里 C 为在圆环域内绕 z_0 的任意一条正向简单闭曲线.

式(3-8)称为 $f(z)$ 的**洛朗展开式**,等式(3-8)右端的级数称为**洛朗级数**. 在 $f(z)$ 的洛朗展开式中 $\sum_{n=0}^{+\infty} c_n(z-z_0)^n$ 称为它的**解析部分**, $\sum_{n=1}^{+\infty} c_{-n}(z-z_0)^{-n}$ 称为它

的**主要部分**.

上面的定理给出了一个在圆环域内解析的函数展开成洛朗级数的一般方法,但很少利用计算系数的方法来得到洛朗级数展开式,因为这样做很复杂. 常用的方法是设法把函数拆成两部分,一部分在圆周内部 $|z-z_0|<R_2$ 解析,从而可以展开为幂级数;另一部分在圆周外部 $|z-z_0|>R_1$ 解析,从而可以展开成负幂次项的级数,其中 R_1,R_2 待定. 对于负幂次项的级数,其实可以看成是 $(z-z_0)^{-1}$ 的幂级数,从而就可以完全应用泰勒展开式.

例 3.8　试将下列函数展开为洛朗级数:

(1) $f(z)=\dfrac{1}{(z^2-1)(z-3)}$ 在圆环 $1<|z|<3$ 内;

(2) $f(z)=\dfrac{1}{(z-1)(z-2)}$ 在点 $z=0$ 和 $z=1$ 处.

解　(1) 由于 $1<|z|<3$,因此 $\left|\dfrac{1}{z}\right|<1$,$\left|\dfrac{z}{3}\right|<1$. 利用当 $|z|<1$ 时的幂级数展开式

$$\frac{1}{1-z}=1+z+z^2+\cdots+z^n+\cdots,$$

得

$$\frac{1}{(z^2-1)(z-3)}=\frac{1}{8}\left(\frac{1}{z-3}-\frac{z+3}{z^2-1}\right)=\frac{1}{8}\left(\frac{1}{z-3}-\frac{z}{z^2-1}-\frac{3}{z^2-1}\right),$$

而

$$\frac{1}{z-3}=\frac{-1}{3\left(1-\dfrac{z}{3}\right)}=-\frac{1}{3}\sum_{n=0}^{+\infty}\frac{z^n}{3^n},$$

$$\frac{1}{z^2-1}=\frac{1}{z^2\left(1-\dfrac{1}{z^2}\right)}=\frac{1}{z^2}\sum_{n=0}^{+\infty}\frac{1}{z^{2n}}=\sum_{n=0}^{+\infty}\frac{1}{z^{2n-2}},$$

$$\frac{z}{z^2-1}=z\cdot\frac{1}{z^2-1}=z\cdot\frac{1}{z^2}\sum_{n=0}^{+\infty}\frac{1}{z^{2n}}=\sum_{n=0}^{+\infty}\frac{1}{z^{2n-1}},$$

所以,有

$$\frac{1}{(z^2-1)(z-3)}=\frac{1}{8}\left(-\sum_{n=0}^{+\infty}\frac{z^n}{3^{n+1}}-\sum_{n=0}^{+\infty}\frac{1}{z^{2n-1}}-\sum_{n=0}^{+\infty}\frac{3}{z^{2n-2}}\right)$$

$$=-\frac{1}{8}\left(\sum_{n=0}^{+\infty}\frac{z^n}{3^{n+1}}+\sum_{n=0}^{+\infty}\frac{1}{z^{2n-1}}+\sum_{n=0}^{+\infty}\frac{3}{z^{2n-2}}\right).$$

(2) 如图 3-4 所示,因为 $f(z)$ 有两个奇点:$z=1$ 及 $z=2$,所以有 3 个以点 $z=0$ 为中心的圆环域:$|z|<1,1<|z|<2$ 和 $|z|>2$.

在 $|z|<1$ 内,有

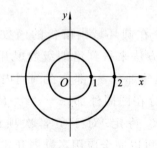

图 3-4

$$f(z) = \frac{1}{z-2} - \frac{1}{z-1} = -\frac{1}{2}\frac{1}{1-\dfrac{z}{2}} + \frac{1}{1-z}$$

$$= -\frac{1}{2}\sum_{n=0}^{+\infty}\left(\frac{z}{2}\right)^n + \sum_{n=0}^{+\infty}z^n$$

$$= \sum_{n=0}^{+\infty}\left(1-\frac{1}{2^{n+1}}\right)z^n.$$

在 $1<|z|<2$ 内,有

$$f(z) = \frac{1}{z-2} - \frac{1}{z-1} = -\frac{1}{2}\frac{1}{1-\dfrac{z}{2}} - \frac{1}{z}\frac{1}{1-\dfrac{1}{z}}$$

$$= -\frac{1}{2}\sum_{n=0}^{+\infty}\left(\frac{z}{2}\right)^n - \frac{1}{z}\sum_{n=0}^{+\infty}\left(\frac{1}{z}\right)^n$$

$$= -\sum_{n=0}^{+\infty}\frac{z^n}{2^{n+1}} - \sum_{n=0}^{+\infty}\frac{1}{z^{n+1}}.$$

在 $|z|>2$ 内,有

$$f(z) = \frac{1}{z-2} - \frac{1}{z-1} = \frac{1}{z}\frac{1}{1-\dfrac{2}{z}} - \frac{1}{z}\frac{1}{1-\dfrac{1}{z}}$$

$$= \frac{1}{z}\sum_{n=0}^{+\infty}\left(\frac{2}{z}\right)^n - \frac{1}{z}\sum_{n=0}^{+\infty}\left(\frac{1}{z}\right)^n$$

$$= \sum_{n=0}^{+\infty}\frac{2^n-1}{z^{n+1}}.$$

以 $z=1$ 为中心的圆环域有两个:$0<|z-1|<1$ 和 $|z-1|>1$.

在 $0<|z-1|<1$ 内,有

$$f(z) = \frac{1}{z-2} - \frac{1}{z-1} = -\frac{1}{1-(z-1)} - \frac{1}{z-1}$$

$$=-\sum_{n=0}^{+\infty}(z-1)^n-\frac{1}{z-1}.$$

在 $|z-1|>1$ 内,有

$$f(z)=\frac{1}{z-2}-\frac{1}{z-1}=\frac{1}{z-1}\frac{1}{1-\frac{1}{z-1}}-\frac{1}{z-1}$$

$$=\frac{1}{z-1}\sum_{n=0}^{+\infty}\left(\frac{1}{z-1}\right)^n-\frac{1}{z-1}$$

$$=\sum_{n=0}^{+\infty}\frac{1}{(z-1)^{n+1}}-\frac{1}{z-1}=\sum_{n=1}^{+\infty}\frac{1}{(z-1)^{n+1}}.$$

从本例可以看出,若只给出点 z_0,要求将函数 $f(z)$ 在点 z_0 处展开为洛朗级数,则应找出以点 z_0 为中心的圆环域,使 $f(z)$ 在此圆环域内解析,而圆环域的确定取决于点 z_0 与各奇点之间的距离.以点 z_0 为中心,以这些距离为半径分别作同心圆,就可依次找出 $f(z)$ 的一个个解析圆环域.

还可看出,同一个函数可以有几个不同的洛朗展开式,这与展开式的唯一性并不矛盾.因为唯一性的结论是对同一个圆环域而言的,而在不同的圆环内的展开式是不同的.

3.3 留数

1825 年,柯西在其《关于积分限为虚数的定积分的报告》中给出了关于留数的定义.柯西所给的这一定义一直沿用至今,推广到微分方程、级数理论及其他一些学科,并在相关学科中产生了深远影响,成为一个极其重要的概念.下面首先介绍孤立奇点的类型,然后引入留数的概念,并讨论它与解析函数在孤立奇点处的洛朗级数之间的关系,最后介绍利用留数计算实积分与复积分.

3.3.1 孤立奇点

前面定义函数不解析的点为奇点.而奇点又可分为孤立奇点与非孤立奇点两类,孤立奇点是常见的一类奇点.以解析函数的洛朗级数为工具,我们能够在孤立奇点的去心邻域内研究一个解析函数的性质.

定义 3.4 如果函数 $f(z)$ 在点 z_0 处不解析,但在 z_0 的去心邻域 $0<|z-z_0|<R$ 内处处解析,那么 z_0 称为**孤立奇点**.

例如,函数 $\frac{1}{z}$,$e^{\frac{1}{z}}$ 都是以 $z=0$ 为孤立奇点;而对于函数 $\frac{1}{\sin\frac{1}{z}}$,$z=0$ 是它的一

个奇点,但不是孤立奇点.因为 $z=\dfrac{1}{n\pi}(n=\pm 1,\pm 2,\pm 3,\cdots)$ 也都是它的奇点,这样在 $z=0$ 的任意小的邻域内总有它的奇点存在.

我们知道,若 z_0 是 $f(z)$ 的孤立奇点,则 $f(z)$ 在圆环域 $0<|z-z_0|<R$ 内可以展开为洛朗级数

$$f(z) = \sum_{n=0}^{+\infty} c_n(z-z_0)^n + \sum_{n=1}^{+\infty} c_{-n}(z-z_0)^{-n},$$

其中 $\displaystyle\sum_{n=1}^{+\infty} c_{-n}(z-z_0)^{-n}$ 决定了孤立奇点的性质.根据洛朗级数负幂项的不同情况将其进行分类.

1. 可去奇点

设 z_0 为 $f(z)$ 的孤立奇点,若洛朗级数中不含 $z-z_0$ 的负幂项,则称点 z_0 为 $f(z)$ 的**可去奇点**.

这时,函数 $f(z)$ 在点 z_0 的邻域 $0<|z-z_0|<R$ 内的洛朗级数就是一个通常的幂级数

$$c_0 + c_1(z-z_0) + c_2(z-z_0)^2 + \cdots + c_n(z-z_0)^n + \cdots.$$

不论 $f(z)$ 原来在点 z_0 处是否有定义,只要令 $f(z_0)=c_0$,则 $f(z)$ 在 $|z-z_0|<R$ 内解析,且有

$$f(z)=c_0 + c_1(z-z_0) + c_2(z-z_0)^2 + \cdots + c_n(z-z_0)^n + \cdots.$$

例如,

$$\frac{\sin z}{z} = \frac{1}{z}\left(z - \frac{z^3}{3!} + \frac{z^5}{5!} - \cdots + (-1)^n\frac{z^{2n+1}}{(2n+1)!} + \cdots\right)$$

$$= 1 - \frac{z^2}{3!} + \frac{z^4}{5!} - \cdots + (-1)^n\frac{z^{2n}}{(2n+1)!} + \cdots.$$

因此,孤立奇点 $z=0$ 是函数 $\dfrac{\sin z}{z}$ 的可去奇点.

2. 极点

设 z_0 为 $f(z)$ 的孤立奇点,若洛朗级数中只含有限多个 $z-z_0$ 的负幂项,则称点 z_0 为 $f(z)$ 的**极点**.

设 z_0 为函数 $f(z)$ 的极点,且 $f(z)$ 在点 z_0 处的洛朗展开式为

$$f(z)=\frac{c_{-m}}{(z-z_0)^m} + \cdots + \frac{c_{-1}}{z-z_0} + c_0 + c_1(z-z_0) + \cdots \quad (m\geqslant 1, c_{-m}\neq 0),$$

则称点 z_0 为函数 $f(z)$ 的 **m 级极点**.

上式也可写成

$$f(z)=\frac{1}{(z-z_0)^m}g(z),\qquad(3-9)$$

其中　　　　　$g(z)=c_{-m}+c_{-m+1}(z-z_0)+c_{-m+2}(z-z_0)^2+\cdots,$

$g(z)$ 在 $|z-z_0|<R$ 内是解析函数,并且 $g(z_0)\neq0$.反过来,当任何一个函数 $f(z)$ 能表示成式(3-9)的形式时,那么 z_0 是 $f(z)$ 的 m 级极点.这是判断几级极点的常用方法.

定理 3.6　z_0 是 $f(z)$ 的 m 级极点的充要条件是 $f(z)$ 可以表示成如下形式:

$$f(z)=\frac{1}{(z-z_0)^m}g(z),$$

其中,$g(z)$ 在 $|z-z_0|<R$ 内是解析函数,并且 $g(z_0)\neq0$.

例 3.9　求下列函数的极点,并指出它是几级极点.

(1) $f(z)=\dfrac{1}{z^3(z-2)}$;　　　　　(2) $f(z)=\dfrac{\sin z}{z^3}$.

解　(1) 显然 $z=0$ 和 $z=2$ 是 $f(z)$ 的孤立奇点,并且在 $z=0$ 和 $z=2$ 附近 $f(z)$ 可以表示成

$$f(z)=\frac{1}{z^3}g_1(z),\qquad g_1(z)=\frac{1}{z-2};$$

$$f(z)=\frac{1}{z-2}g_2(z),\qquad g_2(z)=\frac{1}{z^3}.$$

在 $z=0$ 的邻域内 $g_1(z)=\dfrac{1}{z-2}$ 解析,且 $g_1(0)\neq0$,因此 $z=0$ 是 $f(z)$ 的三级极点;同样,在 $z=2$ 的邻域内 $g_2(z)=\dfrac{1}{z^3}$ 解析,且 $g_2(2)\neq0$,因此 $z=2$ 是 $f(z)$ 的一级极点.

(2) 因为

$$f(z)=\frac{\sin z}{z^3}=\frac{1}{z^3}\left[z-\frac{z^3}{3!}+\frac{z^5}{5!}-\cdots+(-1)^{n-1}\frac{z^{2n-1}}{(2n-1)!}+\cdots\right]$$

$$=\frac{1}{z^2}-\frac{1}{3!}+\frac{z^2}{5!}-\cdots+(-1)^{n-1}\frac{z^{2n-4}}{(2n-1)!}+\cdots\quad(|z|>0),$$

所以 $z=0$ 是 $\dfrac{\sin z}{z^3}$ 的二级极点.

应当注意,我们在求函数的孤立奇点时,不能仅根据函数的表面形式下结论.例 3.9 第(2)题中,表面上 $z=0$ 是 $\dfrac{\sin z}{z^3}$ 的三级极点,而实际上 $z=0$ 是 $\dfrac{\sin z}{z^3}$ 的二级极点.这里需注意 $g(z_0)\neq0$ 的要求.

3. 本性奇点

设 z_0 为函数 $f(z)$ 的孤立奇点,若洛朗级数中含有无穷多个 $z-z_0$ 的负幂项,则称点 z_0 为函数 $f(z)$ 的本性奇点.

例如,由

$$\mathrm{e}^{\frac{1}{z}} = 1 + z^{-1} + \frac{z^{-2}}{2!} + \cdots + \frac{z^{-n}}{n!} + \cdots,$$

知道函数 $f(z) = \mathrm{e}^{\frac{1}{z}}$ 的洛朗级数中含有无穷多个 z 的负幂项,所以 $z = 0$ 为该函数的本性奇点.

3.3.2 留数的概念及留数定理

定义 3.5 设 $f(z)$ 在孤立奇点 z_0 的去心邻域 $0 < |z-z_0| < R$ 内解析,C 为在该邻域内且绕 z_0 的任意一条正向简单闭曲线,则积分 $\frac{1}{2\pi\mathrm{i}} \oint_C f(z)\mathrm{d}z$ 的值称为 $f(z)$ 在点 z_0 处的**留数**,记为 $\mathrm{Res}[f(z), z_0]$,即

$$\mathrm{Res}[f(z), z_0] = \frac{1}{2\pi\mathrm{i}} \oint_C f(z)\mathrm{d}z.$$

根据多连通区域上的柯西积分定理,可知积分 $\oint_C f(z)\mathrm{d}z$ 不依赖于积分曲线 C,因此,这样定义的留数值是唯一的.

在孤立奇点 $z = z_0$ 的邻域 $0 < |z-z_0| < R$ 内将 $f(z)$ 展开成洛朗级数:

$$f(z) = \sum_{n=-\infty}^{+\infty} c_n(z-z_0)^n, \quad 0 < |z-z_0| < R.$$

将上式两端乘以 $\frac{1}{2\pi\mathrm{i}}$ 后再沿曲线 C 积分,得

$$\frac{1}{2\pi\mathrm{i}} \oint_C f(z)\mathrm{d}z = \sum_{n=-\infty}^{+\infty} \frac{c_n}{2\pi\mathrm{i}} \oint_C (z-z_0)^n \mathrm{d}z.$$

显然,在上述等式右端所有的积分中,除了系数为 c_{-1} 的一项外,其余都为零. 因此,$f(z)$ 在 $z = z_0$ 处的留数为

$$\mathrm{Res}[f(z), z_0] = \frac{1}{2\pi\mathrm{i}} \oint_C f(z)\mathrm{d}z = \frac{c_{-1}}{2\pi\mathrm{i}} \oint_C \frac{1}{z-z_0}\mathrm{d}z = c_{-1},$$

即留数 $\mathrm{Res}[f(z), z_0]$ 就是 $f(z)$ 在 z_0 的去心邻域内的洛朗展开式中负幂项 $c_{-1}(z-z_0)^{-1}$ 的系数 c_{-1}.

关于留数,我们有下面的留数定理.

定理 3.7(留数定理) 设函数 $f(z)$ 在区域 D 内除有限个孤立奇点 $z_1, z_2, \cdots, z_n$ 外处处解析,C 是 D 内包围所有奇点的一条正向简单闭曲线,那么

$$\oint_C f(z)\mathrm{d}z = 2\pi\mathrm{i}\sum_{k=1}^{n}\mathrm{Res}[f(z),z_k].$$

证明 把在 C 内的孤立奇点 $z_k(k=1,2,\cdots,n)$ 用互不包含且彼此不相交的正向简单闭曲线 $C_k(k=1,2,\cdots,n)$ 围绕起来,如图 3-5 所示.

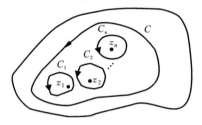

图 3-5

根据复合闭路定理,有

$$\oint_C f(z)\mathrm{d}z = \oint_{C_1} f(z)\mathrm{d}z + \oint_{C_2} f(z)\mathrm{d}z + \cdots + \oint_{C_n} f(z)\mathrm{d}z$$
$$= 2\pi\mathrm{i}\mathrm{Res}[f(z),z_1] + 2\pi\mathrm{i}\mathrm{Res}[f(z),z_2] + \cdots + 2\pi\mathrm{i}\mathrm{Res}[f(z),z_n]$$
$$= 2\pi\mathrm{i}\sum_{k=1}^{n}\mathrm{Res}[f(z),z_k].$$

由此可见,利用留数定理把沿封闭曲线积分的整体问题,转化为计算其各个孤立奇点处留数的局部问题.

3.3.3 留数的计算

根据留数的定义,要计算函数在孤立奇点 z_0 处的留数,只需要求出它的洛朗展开式中 $(z-z_0)^{-1}$ 的系数 c_{-1} 即可,因此利用函数的洛朗展开式求留数是一般的方法.当奇点为本性奇点或奇点性质不明显时常用这种方法,当奇点为可去奇点时,显然其留数为零.

对于极点处的留数,则有如下计算方法.

定理 3.8 设 z_0 为 $f(z)$ 的 m 级极点,则

$$\mathrm{Res}[f(z),z_0] = \frac{1}{(m-1)!}\lim_{z\to z_0}[(z-z_0)^m f(z)]^{(m-1)}.$$

证明 由于 z_0 是 $f(z)$ 的 m 级极点,故有

$$f(z) = \frac{c_{-m}}{(z-z_0)^m} + \cdots + \frac{c_{-1}}{z-z_0} + c_0 + c_1(z-z_0) + \cdots \quad (c_{-m}\neq 0),$$

上式两边乘以 $(z-z_0)^m$,得

$$(z-z_0)^m f(z) = c_{-m} + c_{-m+1}(z-z_0) + \cdots + c_{-1}(z-z_0)^{m-1} + c_0(z-z_0)^m + \cdots,$$

两边求 $m-1$ 阶导数,得

$$[(z-z_0)^m f(z)]^{(m-1)}=(m-1)!\,c_{-1}+m!\,c_0(z-z_0)+\frac{(m+1)!}{2!}c_1(z-z_0)^2+\cdots.$$

令 $z\to z_0$,取极限即得

$$\text{Res}[f(z),z_0]=c_{-1}=\frac{1}{(m-1)!}\lim_{z\to z_0}[(z-z_0)^m f(z)]^{(m-1)}.$$

可得以下推论.

推论 若 z_0 为 $f(z)$ 的一级极点,则

$$\text{Res}[f(z),z_0]=\lim_{z\to z_0}(z-z_0)f(z).$$

例 3.10 求函数

$$f(z)=\frac{z}{(z-1)(z+1)^2}$$

在 $z=1$ 和 $z=-1$ 处的留数.

解 $z=1$ 是 $f(z)$ 的一级极点,$z=-1$ 是 $f(z)$ 的二级极点,于是

$$\text{Res}[f(z),1]=\lim_{z\to 1}(z-1)\frac{z}{(z-1)(z+1)^2}=\frac{1}{4};$$

$$\text{Res}[f(z),-1]=\lim_{z\to -1}\left[(z+1)^2\frac{z}{(z-1)(z+1)^2}\right]'$$

$$=\lim_{z\to -1}\frac{-1}{(z-1)^2}=-\frac{1}{4}.$$

例 3.11 计算积分 $\oint_C \frac{e^{\frac{1}{z}}}{1-z}dz$,其中 C 为正向圆周 $|z|=2$.

解 $z=0$ 是 $f(z)$ 的本性奇点,$z=1$ 是 $f(z)$ 的一级极点,故

$$\text{Res}\left[\frac{e^{\frac{1}{z}}}{1-z},1\right]=\lim_{z\to 1}(z-1)\frac{e^{\frac{1}{z}}}{1-z}=-e.$$

为了求 $\text{Res}\left[\frac{e^{\frac{1}{z}}}{1-z},0\right]$,将 $f(z)$ 在 $0<|z|<1$ 内展成洛朗级数为

$$\frac{e^{\frac{1}{z}}}{1-z}=\left(\sum_{n=0}^{+\infty}z^n\right)\cdot\left(\sum_{n=0}^{+\infty}\frac{1}{n!z^n}\right).$$

故

$$c_{-1}=1+\frac{1}{2!}+\frac{1}{3!}+\cdots+\frac{1}{n!}+\cdots=e-1.$$

因此

$$\oint_C \frac{e^{\frac{1}{z}}}{1-z}dz=2\pi i\{\text{Res}[f(z),0]+\text{Res}[f(z),1]\}=-2\pi i.$$

3.4　留数的应用

留数理论的应用十分广泛. 一方面可以讨论解析函数的零点个数,例如用留数理论可以得到在复数域内 n 次多项式的零点个数有且仅有 n 个;另一方面就是计算某些定积分. 本节所讨论的这些定积分,被积函数的原函数一般不能用初等函数表示出来. 有时即使可以求出原函数,计算也较为复杂. 但是,如果把它们转化为复变函数的积分,运用留数定理计算就简便得多.

运用留数定理计算定积分通常有以下两种基本方法:一是将定积分 $\int_a^b f(x)\mathrm{d}x$ 看作复平面实轴上从点 a 到点 b 的复积分. 通过某种变换把这个复积分化为复平面上沿某闭曲线的积分,然后利用留数定理计算;二是作辅助曲线 C 围成一条封闭曲线,若函数 $f(z)$ 在该闭曲线所围区域内有 N 个奇点,则由留数定理得

$$\int_a^b f(x)\mathrm{d}x + \int_C f(z)\mathrm{d}z = 2\pi\mathrm{i}\sum_{k=1}^N \mathrm{Res}[f(z),z_k].$$

若上式中左端第二个积分较易求出,则定积分 $\int_a^b f(x)\mathrm{d}x$ 可通过计算留数而得出.

3.4.1　计算 $\int_0^{2\pi} f(\cos\theta,\sin\theta)\mathrm{d}\theta$ 型积分

这里 $f(\cos\theta,\sin\theta)$ 是 $\cos\theta$、$\sin\theta$ 的有理函数,且在 $[0,2\pi]$ 上连续. 令
$$z = \mathrm{e}^{\mathrm{i}\theta} = \cos\theta + \mathrm{i}\sin\theta,$$
则

$$\cos\theta = \frac{z+z^{-1}}{2}, \quad \sin\theta = \frac{z-z^{-1}}{2\mathrm{i}}, \quad \mathrm{d}\theta = \frac{1}{\mathrm{i}z}\mathrm{d}z.$$

当 θ 从 0 到 2π 变化时,z 沿圆周 $|z|=1$ 的正向绕行一周,于是有

$$\int_0^{2\pi} f(\cos\theta,\sin\theta)\mathrm{d}\theta = \oint_{|z|=1} f\left(\frac{z+z^{-1}}{2},\frac{z-z^{-1}}{2\mathrm{i}}\right)\frac{1}{\mathrm{i}z}\mathrm{d}z,$$

设 $g(z) = f\left(\frac{z+z^{-1}}{2},\frac{z-z^{-1}}{2\mathrm{i}}\right)\frac{1}{\mathrm{i}z}$ 在 $|z|<1$ 内的孤立奇点为 $z_k(k=1,2,\cdots,n)$,则由留数定理得

$$\int_0^{2\pi} f(\cos\theta,\sin\theta)\mathrm{d}\theta = 2\pi\mathrm{i}\sum_{k=1}^n \mathrm{Res}[g(z),z_k].$$

例 3.12　计算积分 $I = \int_0^{2\pi} \frac{1}{1-2p\cos\theta+p^2}\mathrm{d}\theta(\,|\,p\,|<1)$.

解 令 $z=\mathrm{e}^{\mathrm{i}\theta}$，则 $\cos\theta=\dfrac{z+z^{-1}}{2}$，$\mathrm{d}\theta=\dfrac{1}{\mathrm{i}z}\mathrm{d}z$. 当 θ 从 0 到 2π 时，z 沿正向圆周 $|z|=1$ 绕行一周，如图 3-6 所示，则有

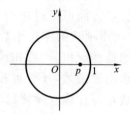

图 3-6

$$I=\int_0^{2\pi}\frac{1}{1-2p\cos\theta+p^2}\mathrm{d}\theta=\frac{1}{\mathrm{i}}\oint_{|z|=1}\frac{1}{(z-p)(1-pz)}\mathrm{d}z,$$

在圆 $|z|<1$ 内，$g(z)=\dfrac{1}{(z-p)(1-pz)}$ 只以 $z=p$ 为一级极点，由留数定理得

$$\mathrm{Res}[g(z),p]=\lim_{z\to p}(z-p)\frac{1}{(z-p)(1-pz)}$$
$$=\lim_{z\to p}\frac{1}{1-pz}=\frac{1}{1-p^2}.$$

所以

$$I=\frac{1}{\mathrm{i}}\cdot 2\pi\mathrm{i}\cdot\frac{1}{1-p^2}=\frac{2\pi}{1-p^2}.$$

3.4.2　计算 $\int_{-\infty}^{+\infty}\dfrac{P(x)}{Q(x)}\mathrm{d}x$ 型积分

此类型积分的被积函数 $f(x)=\dfrac{P(x)}{Q(x)}$ 为有理函数，$P(x)$、$Q(x)$ 为多项式，方程 $Q(x)=0$ 没有实根，即 $f(x)$ 在实轴上没有奇点，且 $Q(x)$ 的次数比 $P(x)$ 的次数至少要高两次.

为介绍这种类型的积分方法，先给出一个引理.

引理 3.1 设 C 为 $|z|=R$ 的上半圆周，函数 $f(z)$ 在 C 上连续，且 $\lim\limits_{z\to\infty}zf(z)=0$，则

$$\lim_{R\to+\infty}\int_C f(z)\mathrm{d}z=0.$$

现在来计算上述类型的积分.

取上半圆周 $C_R:z=R\mathrm{e}^{\mathrm{i}\theta}(0\leqslant\theta\leqslant\pi)$，由 C_R 与实线段 $[-R,R]$ 构成一条闭曲线 C，如图 3-7 所示.

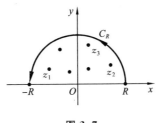

图 3-7

取充分大的 R,使 C 所围区域包含 $f(z)=\dfrac{P(z)}{Q(z)}$ 在上半平面的一切孤立奇点 $z_k(k=1,2,\cdots,n)$,由留数定理,有

$$\oint_C f(z)\mathrm{d}z = 2\pi\mathrm{i}\sum_{k=1}^{n}\mathrm{Res}[f(z),z_k],$$

即　　　　$$\int_{-R}^{R}\frac{P(x)}{Q(x)}\mathrm{d}x + \int_{C_R} f(z)\mathrm{d}z = 2\pi\mathrm{i}\sum_{k=1}^{n}\mathrm{Res}[f(z),z_k]. \qquad (3\text{-}10)$$

因为 $Q(z)$ 的次数比 $P(z)$ 的次数至少要高两次,所以

$$\lim_{z\to\infty}zf(z)=\lim_{z\to\infty}\frac{zP(z)}{Q(z)}=0,$$

于是由引理 3.1 得

$$\lim_{R\to+\infty}\int_{C_R} f(z)\mathrm{d}z = 0.$$

在式(3-10)中令 $R\to+\infty$,两端取极限,即得

$$\int_{-\infty}^{+\infty}\frac{P(x)}{Q(x)}\mathrm{d}x = 2\pi\mathrm{i}\sum_{k=1}^{n}\mathrm{Res}[f(z),z_k].$$

例 3.13　计算积分 $I = \displaystyle\int_{-\infty}^{+\infty}\frac{x^2}{(x^2+1)(x^2+4)}\mathrm{d}x.$

解　函数 $f(z)=\dfrac{z^2}{(z^2+1)(z^2+4)}$ 分母次数比分子的次数高二次,且在上半平面内有两个一级极点 $z_1=\mathrm{i},z_2=2\mathrm{i}$,它们的留数分别为

$$\mathrm{Res}[f(z),\mathrm{i}]=\frac{\mathrm{i}}{6},\quad \mathrm{Res}[f(z),2\mathrm{i}]=-\frac{\mathrm{i}}{3},$$

因此

$$I=2\pi\mathrm{i}\{\mathrm{Res}[f(z),\mathrm{i}]+\mathrm{Res}[f(z),2\mathrm{i}]\}=2\pi\mathrm{i}\left(\frac{\mathrm{i}}{6}-\frac{\mathrm{i}}{3}\right)=\frac{\pi}{3}.$$

*3.4.3　计算 $\displaystyle\int_{-\infty}^{+\infty} f(x)\mathrm{e}^{\mathrm{i}\lambda x}\,\mathrm{d}x$ 型积分

此类型积分的被积函数 $f(x)=\dfrac{P(x)}{Q(x)}$,其中 $P(x)$、$Q(x)$ 为多项式,$Q(x)$ 的次

数至少比 $P(x)$ 的次数高一次,且方程 $Q(x)=0$ 没有实根,即 $f(x)$ 在实轴上没有奇点,λ 为正实数.

引理 3.2 设 C 为 $|z|=R$ 的上半圆周,函数 $f(z)$ 在 C 上连续,且 $\lim\limits_{z\to\infty}f(z)=0$,则

$$\lim_{R\to+\infty}\int_C f(z)\mathrm{e}^{\mathrm{i}\lambda z}\mathrm{d}z = 0 \quad (\lambda>0).$$

现在来计算上述类型的积分.

取上半圆周 $C_R:z=R\mathrm{e}^{\mathrm{i}\theta}(0\leqslant\theta\leqslant\pi)$,由 C_R 与实线段 $[-R,R]$ 构成一条闭曲线 C.取充分大的 R,使 C 所围区域包含

$$f(z)=\frac{P(z)}{Q(z)}$$

在上半平面的一切孤立奇点 $z_k(k=1,2,\cdots,n)$,由留数定理,有

$$\oint_C f(z)\mathrm{e}^{\mathrm{i}\lambda z}\mathrm{d}z = 2\pi\mathrm{i}\sum_{k=1}^n \mathrm{Res}[f(z)\mathrm{e}^{\mathrm{i}\lambda z},z_k],$$

即

$$\int_{-R}^R f(x)\mathrm{e}^{\mathrm{i}\lambda x}\mathrm{d}x + \int_{C_R} f(z)\mathrm{e}^{\mathrm{i}\lambda z}\mathrm{d}z = 2\pi\mathrm{i}\sum_{k=1}^n \mathrm{Res}[f(z)\mathrm{e}^{\mathrm{i}\lambda z},z_k]. \qquad (3\text{-}11)$$

因为 $Q(z)$ 的次数比 $P(z)$ 的次数至少要高一次,所以 $\lim\limits_{z\to\infty}f(z)=0$,且 $\lambda>0$.因此由引理 3.2,得

$$\lim_{R\to+\infty}\int_{C_R} f(z)\mathrm{e}^{\mathrm{i}\lambda z}\mathrm{d}z = 0.$$

在式(3-11)中令 $R\to+\infty$,两端取极限,即得

$$\int_{-\infty}^{+\infty} f(x)\mathrm{e}^{\mathrm{i}\lambda x}\mathrm{d}x = 2\pi\mathrm{i}\sum_{k=1}^n \mathrm{Res}[f(z)\mathrm{e}^{\mathrm{i}\lambda z},z_k].$$

又因为

$$\mathrm{e}^{\mathrm{i}\lambda x}=\cos\lambda x+\mathrm{i}\sin\lambda x,$$

所以

$$\int_{-\infty}^{+\infty} f(x)\mathrm{e}^{\mathrm{i}\lambda x}\mathrm{d}x = \int_{-\infty}^{+\infty} f(x)\cos\lambda x\,\mathrm{d}x + \mathrm{i}\int_{-\infty}^{+\infty} f(x)\sin\lambda x\,\mathrm{d}x.$$

由此可见,要计算积分 $\int_{-\infty}^{+\infty} f(x)\cos\lambda x\,\mathrm{d}x$ 或 $\int_{-\infty}^{+\infty} f(x)\sin\lambda x\,\mathrm{d}x$,只需求出积分 $\int_{-\infty}^{+\infty} f(x)\mathrm{e}^{\mathrm{i}\lambda x}\mathrm{d}x$ 的实部或虚部即可.

例 3.14 计算积分 $I=\displaystyle\int_{-\infty}^{+\infty}\frac{x\sin x}{1+x^2}\mathrm{d}x$.

解　$\displaystyle\int_{-\infty}^{+\infty}\frac{x\sin x}{1+x^2}\mathrm{d}x$ 是积分 $\displaystyle\int_{-\infty}^{+\infty}\frac{x}{1+x^2}\mathrm{e}^{\mathrm{i}x}\mathrm{d}x$ 的虚部，$\dfrac{x}{1+x^2}$ 分母次数比分子的

次数高一次，且 $\dfrac{z}{1+z^2}$ 在上半平面只有一个一级极点 $z=\mathrm{i}$，于是积分

$$\int_{-\infty}^{+\infty}\frac{x}{1+x^2}\mathrm{e}^{\mathrm{i}x}\mathrm{d}x = 2\pi\mathrm{i}\operatorname{Res}\left[\frac{z}{1+z^2}\mathrm{e}^{\mathrm{i}z},\mathrm{i}\right]$$

$$= 2\pi\mathrm{i}\lim_{z\to\mathrm{i}}(z-\mathrm{i})\frac{z}{1+z^2}\mathrm{e}^{\mathrm{i}z}$$

$$= \pi\mathrm{i}\mathrm{e}^{-1},$$

因此　　　　　　　　　$$I = \int_{-\infty}^{+\infty}\frac{x\sin x}{1+x^2}\mathrm{d}x = \pi\mathrm{e}^{-1}.$$

综上所述，用留数计算实变函数的积分，大致可分为如下几个步骤.

（1）对于给定的积分 $\displaystyle\int_a^b f(x)\mathrm{d}x$，选取一个相应的函数 $F(z)$，使在区间 $[a,b]$ 上 $f(x)$ 与 $F(z)$ 相同，或者与 $F(z)$ 的实部或虚部相同.

（2）选取一条或几条辅助曲线，使与实线段 $[a,b]$ 围成一条简单闭曲线 C. 对于无限区间的情形，可由有限的情形逼近.

（3）计算 $F(z)$ 沿辅助曲线的积分.

（4）计算 $F(z)$ 在曲线 C 所围区域内所有奇点处的留数，利用留数定理求出所给的积分值.

在这四个步骤中，步骤（3）是很重要的，前面的引理 3.1 和引理 3.2 就是用来计算步骤（3）中 $F(z)$ 沿辅助曲线的积分值.

例 题 解 析

例 3.15　将函数 $f(z)=\dfrac{z-1}{z+1}$ 展开为 $z-1$ 的幂级数.

解　$\dfrac{z-1}{z+1} = \dfrac{z-1}{2+(z-1)} = \dfrac{z-1}{2}\cdot\dfrac{1}{1+\dfrac{z-1}{2}}$

$$= \frac{z-1}{2}\sum_{n=0}^{+\infty}\frac{(-1)^n}{2^n}(z-1)^n$$

$$= \sum_{n=0}^{+\infty}\frac{(-1)^n}{2^{n+1}}(z-1)^{n+1}, \quad |z-1|<2.$$

例 3.16　将函数 $\dfrac{1}{z^2(z-\mathrm{i})}$ 在 $1<|z-\mathrm{i}|<+\infty$ 内展开为洛朗级数.

解　当 $1<|z-i|<+\infty$ 时,

$$\frac{1}{z^2(z-i)}=\frac{1}{z-i}\frac{1}{z^2}=\frac{1}{z-i}\left(-\frac{1}{z}\right)'=\frac{1}{z-i}\left(-\frac{1}{i+z-i}\right)'$$

$$=-\frac{1}{z-i}\left[\frac{1}{z-i}\frac{1}{1+\dfrac{i}{z-i}}\right]'$$

$$=-\frac{1}{z-i}\left[\frac{1}{i}\sum_{n=0}^{+\infty}(-1)^n\left(\frac{i}{z-i}\right)^{n+1}\right]'$$

$$=\frac{1}{z-i}\sum_{n=0}^{+\infty}(-i)^n(n+1)\left(\frac{1}{z-i}\right)^{n+2}$$

$$=\sum_{n=0}^{+\infty}\frac{n+1}{i^n}\frac{1}{(z-i)^{n+3}}.$$

例 3.17　确定函数 $f(z)=\dfrac{1}{z^3(e^{z^3}-1)}$ 的孤立奇点的类型.

解　因为

$$z^3(e^{z^3}-1)=z^3\left(1+z^3+\frac{z^6}{2!}+\cdots-1\right)$$

$$=z^6+\frac{1}{2!}z^9+\frac{1}{3!}z^{12}+\cdots,$$

所以 $z=0$ 是分母的 6 级零点,亦即函数 $f(z)$ 的 6 级极点.

例 3.18　计算函数 $f(z)=\dfrac{1-e^{2z}}{z^4}$ 在点 $z=0$ 处的留数.

解　因为 $z=0$ 为分母的 4 级零点和分子的一级零点,因而是 $f(z)$ 的 3 级极点,故

$$\mathrm{Res}[f(z),0]=\frac{1}{2!}\lim_{z\to0}\frac{\mathrm{d}^2}{\mathrm{d}z^2}\left[z^3\cdot\frac{1-e^{2z}}{z^4}\right]$$

$$=\frac{1}{2!}\frac{-4z^2e^{2z}+4ze^{2z}-2e^{2z}+2}{z^3}$$

$$=-\frac{4}{3}.$$

例 3.19　用留数计算积分 $\displaystyle\oint_{|z|=2}\frac{ze^z}{z^2-1}\mathrm{d}z$.

解　由于 $f(z)=\dfrac{ze^z}{z^2-1}$ 在圆域 $|z|=2$ 内有两个一级极点 $1,-1$,而这两个极点都在圆周 C 内,所以

$$\oint_C f(z)\mathrm{d}z = 2\pi\mathrm{i}\{\mathrm{Res}[f(z),1]+\mathrm{Res}[f(z),-1]\},$$

又因
$$\mathrm{Res}[f(z),1]=\lim_{z\to 1}(z-1)\frac{z\mathrm{e}^z}{z^2-1}=\frac{\mathrm{e}}{2},$$

$$\mathrm{Res}[f(z),-1]=\lim_{z\to -1}(z+1)\frac{z\mathrm{e}^z}{z^2-1}=\frac{\mathrm{e}^{-1}}{2}.$$

故
$$\oint_C \frac{z\mathrm{e}^z}{z^2-1}\mathrm{d}z = 2\pi\mathrm{i}\left(\frac{\mathrm{e}}{2}+\frac{\mathrm{e}^{-1}}{2}\right).$$

本 章 小 结

级数是复变函数的重要组成部分,它是研究解析函数的一个重要工具,它的概念、理论与方法是实数域内的无穷级数在复数域内的推广和发展.本章首先引入幂级数的概念和性质,给出解析函数的级数表示——泰勒级数,并研究复函数在圆环域内的级数表示——洛朗级数.然后得到重用结论:函数在一点的解析性等价于函数在该点的邻域内可展开为幂级数;函数在一点处不解析,若该点为函数的孤立奇点,则洛朗级数是一个重要的研究工具.最后从解析函数的柯西积分公式出发,得到解析函数在孤立奇点处的洛朗展开式的负一次幂的系数即留数,解析函数在孤立奇点处的留数是解析函数论中的重要概念之一,有着非常广泛的应用.

1. 幂级数

形如 $\sum\limits_{n=0}^{+\infty} c_n(z-z_0)^n$ 形式的复函数项级数称为幂级数,其中 $c_n(n=0,1,2,\cdots)$ 和 z_0 都是复常数项,z 为复变量.

2. 洛朗级数

形如 $\sum\limits_{-\infty}^{+\infty} c_n(z-z_0)^n$ 的级数称为洛朗级数,它是一个双边幂级数.

3. 孤立奇点的概念及其分类

若函数 $f(z)$ 在点 z_0 处不解析,单在点 z_0 的某一去心邻域 $0<|z-z_0|<\delta$ 内处处解析,则 z_0 称为 $f(z)$ 的一个孤立奇点.

孤立奇点 z_0 可按函数 $f(z)$ 在解析域 $0<|z-z_0|<\delta$ 内的洛朗展开式是否含有 $z-z_0$ 的负幂项及含有负幂项的多少分为三类.如果展开式中不含、只含有有限项、含无穷多个 $z-z_0$ 的负幂项,则 z_0 分别称为 $f(z)$ 的可去奇点、极点、本性奇点.

孤立奇点类型的极限判别法：

(1) 若 $\lim\limits_{z \to z_0} f(z) = C(C$ 为有限值)，则 z_0 称为 $f(z)$ 的可去奇点.

(2) 若 $\lim\limits_{z \to z_0} f(z) = \infty$，则 z_0 称为 $f(z)$ 的极点. 进一步地，若 $\lim\limits_{z \to z_0} (z - z_0)^m f(z) = A, A \neq 0$ 为有限值，则 z_0 为 $f(z)$ 的 m 级极点.

(3) 若 $\lim\limits_{z \to z_0} f(z)$ 不存在，也不为 ∞，则 z_0 为 $f(z)$ 的本性极点.

4. 留数的定义、计算方法及留数定理

(1) 留数定义：设 z_0 为函数 $f(z)$ 的孤立奇点，那么 $f(z)$ 在点 z_0 处的留数

$$\text{Res}[f(z), z_0] = \frac{1}{2\pi i} \oint_C f(z) \mathrm{d}z,$$

其中 C 为去心邻域 $0 < |z - z_0| < R$ 内任意一条绕 z 的正向简单闭曲线.

(2) 留数的计算方法.

① 用定义计算留数，即写出 $f(z)$ 的洛朗展开式，其中 $(z - z_0)^{-1}$ 的系数即为所求的留数.

② 若 z_0 为函数 $f(z)$ 的可去奇点，则

$$\text{Res}[f(z), z_0] = 0.$$

③ 若 z_0 为函数 $f(z)$ 的一级极点，则

$$\text{Res}[f(z), z_0] = \lim\limits_{z \to z_0} (z - z_0) f(z).$$

④ 若 z_0 为函数 $f(z)$ 的 m 级极点，则

$$\text{Res}[f(z), z_0] = \frac{1}{(m-1)!} \lim\limits_{z \to z_0} \frac{\mathrm{d}^{m-1}}{\mathrm{d}z^{m-1}} [(z - z_0)^m f(z)].$$

数学家简介——泰勒

泰勒(Brook Taylor)是英国数学家,1685 年 8 月 18 日生于英格兰德尔塞克斯郡的埃德蒙顿市,1731 年 12 月 29 日卒于伦敦.

泰勒出生于英格兰一个富有且拥有贵族血统的家庭.父亲约翰来自肯特郡的比夫隆家庭.泰勒是长子,进大学前,泰勒一直在家里读书.泰勒全家尤其是他的父亲,都喜欢音乐和艺术,经常在家里招待艺术家.这给泰勒一生的工作造成极大的影响,这从他的两个主要科学研究课题——弦振动问题及透视画法——就可以看出来.

1701 年,泰勒进入剑桥大学的圣约翰学院学习.1709 年,他获得法学学士学位.1714 年获法学博士学位.1712 年,他被选为英国皇家学会会员,同年进入仲裁牛顿和莱布尼茨发明微积分优先权争论的委员会.从 1714 年起担任皇家学会第一秘书,1718 年以健康状况欠佳为由辞去这一职务.

由于工作及健康上的原因,泰勒曾几次访问法国,并和法国数学家蒙莫尔多次通信讨论级数问题和概率论的问题.1708 年,23 岁的泰勒得到了"振动中心问题"的解,引起了人们的注意,在这个工作中他用了牛顿的瞬的记号.1715 年,他出版了两本著作:《正和反的增量法》及《直线透视》,并分别于 1717 年和 1719 年对这两本书进行了改版.从 1712 年到 1724 年,他在《哲学会报》上发表了 13 篇文章,其中有些是通信和评论.文章中还包含毛细管现象、磁学及温度计的实验记录.

在生命的后期,泰勒转向宗教和哲学的写作,他的第三本著作《哲学的沉思》在他死后由外孙 W.杨于 1793 年出版.

泰勒以微积分学中将函数展开成无穷级数的定理著称于世.这条定理大致可以叙述为:函数在一个点的邻域内的值可以用函数在该点的值及各阶导数值组成的无穷级数表示出来.然而,在半个世纪里,数学家们并没有认识到泰勒定理的重大价值.这一重大价值后来是由拉格朗日发现的,他把这一定理刻画为微积分的基本定理.泰勒定理的严格证明是在定理诞生一个世纪之后,由柯西给出的.

习 题 三

A 题

1. 判别下列级数的收敛性.

(1) $\sum\limits_{n=1}^{+\infty}\left(\dfrac{1}{n}+\dfrac{i}{n^2}\right)$;　　(2) $\sum\limits_{n=1}^{+\infty}\dfrac{i^n}{n}$;　　(3) $\sum\limits_{n=1}^{+\infty}\left(\dfrac{6+5i}{8}\right)^n$.

2. 试确定下列幂级数的收敛半径.

(1) $\sum\limits_{n=0}^{+\infty}(1+i)^n z^n$;　　(2) $\sum\limits_{n=0}^{+\infty}3^n z^n$;　　(3) $\sum\limits_{n=1}^{+\infty}\dfrac{(-1)^n}{n}z^n$.

3. 将下列函数展开为 z 的幂级数,并指出其收敛区域.

(1) $\dfrac{1}{1+z^3}$;　　(2) $\dfrac{1}{(1+z^2)^2}$;　　(3) $\cos z^2$.

4. 求下列函数展开在指定点 z_0 处的泰勒展开式,并写出展开式成立的区域.

(1) $\dfrac{z}{(z+1)(z+2)}$, $z_0=2$;　　(2) $\dfrac{1}{z^2}$, $z_0=1$.

5. 将下列函数在指定的圆域内展开成洛朗级数.

(1) $\dfrac{1}{(z^2+1)(z-2)}$, $1<|z|<2$;

(2) $\dfrac{1}{(z-1)(z-2)}$, $0<|z-1|<1$, $1<|z-2|<+\infty$;

(3) $\dfrac{1}{z(1-z)^2}$, $0<|z|<1$, $0<|z-1|<1$.

6. 试将函数 $f(z)=\dfrac{1}{z^2(z-i)}$ 在下列圆环域内展开为洛朗级数.

(1) $0<|z|<1$;　　(2) $|z|>1$;

(3) $0<|z-i|<1$;　　(4) $|z-i|>1$.

7. 下列函数有些什么奇点?如果是极点,指出它是几级极点.

(1) $\dfrac{1}{z(z^2+1)^2}$;　　(2) $\dfrac{1}{z^3-z^2-z+1}$;

(3) $\dfrac{\ln(1+z)}{z}$;　　(4) $e^{\frac{1}{z-1}}$.

8. 求下列函数在有限孤立奇点处的留数.

(1) $\dfrac{z+1}{z^2-2z}$;　　(2) $\dfrac{1-e^{2z}}{z^4}$;

(3) $\cos \dfrac{1}{1-z}$； (4) $\dfrac{z}{(z-1)(z+1)^2}$.

9. 利用留数计算下列积分(积分曲线均取正向).

(1) $\oint_{|z|=2} \dfrac{e^{2z}}{(z-1)^2} dz$； (2) $\oint_{|z|=3/2} \dfrac{e^z}{(z-1)(z+3)^2} dz$；

(3) $\oint_{|z|=1} \dfrac{z}{\sin z} dz$.

10. 计算积分 $I = \displaystyle\int_0^\pi \dfrac{\cos\theta}{5-4\cos\theta} d\theta$.

B 题

1. 判断下列级数的敛散性.

(1) $\displaystyle\sum_{n=1}^{+\infty} \dfrac{1}{i^n} \ln\left(1+\dfrac{1}{n}\right)$； (2) $\displaystyle\sum_{n=0}^{+\infty} \left(\dfrac{1+5i}{2}\right)^n$.

2. 试确定下列幂级数的收敛半径.

(1) $\displaystyle\sum_{n=0}^{+\infty} \dfrac{n!}{n^n} z^n$； (2) $\displaystyle\sum_{n=1}^{+\infty} e^{i\frac{\pi}{n}} z^n$.

3. 求函数 $f(z) = \dfrac{1}{4-3z}$ 展开在指定点 $z_0 = 1+i$ 处的泰勒展开式,并写出展开式成立的区域.

4. 试将函数 $f(z) = \dfrac{z+1}{z^2(z-1)}$ 在下列圆环域内展开为洛朗级数.

(1) $0 < |z| < 1$； (2) $1 < |z| < +\infty$.

5. 求下列函数在有限孤立奇点处的留数.

(1) $\dfrac{1+z^4}{(z^2+1)^3}$； (2) $z^2 \sin \dfrac{1}{z}$.

6. 利用留数计算下列积分(积分曲线均取正向).

(1) $\oint_{|z|=1/2} \dfrac{\sin z}{z(1-e^z)} dz$； (2) $\oint_{|z|=3} \tan\pi z dz$.

7. 计算积分 $I = \displaystyle\int_0^{+\infty} \dfrac{x^2}{x^4+1} dx$.

8. 计算积分 $I = \displaystyle\int_0^{+\infty} \dfrac{\cos 2x}{1+x^2} dx$.

对自然的深入研究是数学发现的最丰富的源泉. 数学分析同大自然本身那样辽阔.

——傅里叶

第 4 章　傅里叶变换

　　现代科学与工程技术中, 许多实际问题往往直接求解比较困难, 人们常采用变换的方法把困难问题简单化. 例如 17 世纪, 航海和天文学研究需要对积累的大量数据进行乘除运算, 运用传统计算方法工作量繁重. 为此, 1614 年纳皮尔发明了对数, 将乘除运算转化为加减运算, 随后人们造出了以 e 为底和以 10 为底的对数表, 通过两次查表, 完成了艰巨的计算任务.

　　在分析与处理工程中的一些复杂运算问题时, 同样可以借助于这种变换的思想. 例如, 通过直角坐标与极坐标之间转换, 可以方便分析与求解. 然而, 这种变换不同于化简, 它必须是可逆的, 需要存在与其对应的逆变换.

　　18 世纪, 人们通过微分、积分运算求解物体的运动方程. 到了 19 世纪, 英国著名无线电工程师赫维赛德为了求解电工学、物理学领域中的线性微分方程, 逐步形成了一种符号法, 并逐渐演变为今天的积分变换法, 即通过积分运算将一个函数变成另外一个函数, 同时将函数的微积分运算转化为代数运算, 把复杂耗时的运算简化, 以求快速完成.

　　本章所介绍的傅里叶变换, 就是对连续时间函数的一种积分变换, 并且是具有对称形式的逆变换. 傅里叶变换既能简化计算, 又具有特殊的物理意义, 应用广泛, 是数字时代信息处理的重要工具.

　　本章将主要讨论傅里叶变换的概念、性质、应用及离散傅里叶变换等问题.

4.1　傅里叶变换的概念

4.1.1　傅里叶级数的复指数形式

1804 年,傅里叶首次提出"在有限的区间上由任意图形定义的任何函数,都可以表示为单纯的正弦和余弦之和",但并没有给出严格的证明.直到 1829 年,法国数学家狄利克雷发表了著名的论文《关于三角级数的收敛性》,第一次严格证明了傅里叶级数收敛的充分条件,为傅里叶级数奠定了理论基础.

我们知道,以 T 为周期的函数 $f_T(t)$ 的傅里叶级数展开式为

$$f_T(t) = \frac{a_0}{2} + \sum_{n=1}^{+\infty}(a_n\cos n\omega_0 t + b_n\sin n\omega_0 t), \tag{4-1}$$

其中

$$\omega_0 = \frac{2\pi}{T}, \quad a_0 = \frac{2}{T}\int_{-\frac{T}{2}}^{\frac{T}{2}} f_T(t)\mathrm{d}t,$$

$$a_n = \frac{2}{T}\int_{-\frac{T}{2}}^{\frac{T}{2}} f_T(t)\cos n\omega_0 t\mathrm{d}t \quad (n=1,2,\cdots),$$

$$b_n = \frac{2}{T}\int_{-\frac{T}{2}}^{\frac{T}{2}} f_T(t)\sin n\omega_0 t\mathrm{d}t \quad (n=1,2,\cdots).$$

由欧拉公式可得

$$\cos\theta = \frac{\mathrm{e}^{\mathrm{i}\theta} + \mathrm{e}^{-\mathrm{i}\theta}}{2}, \quad \sin\theta = \frac{\mathrm{e}^{\mathrm{i}\theta} - \mathrm{e}^{-\mathrm{i}\theta}}{2\mathrm{i}},$$

代入式(4-1)得

$$f_T(t) = \frac{a_0}{2} + \sum_{n=1}^{+\infty}\left(a_n\frac{\mathrm{e}^{\mathrm{i}n\omega_0 t} + \mathrm{e}^{-\mathrm{i}n\omega_0 t}}{2} - \mathrm{i}b_n\frac{\mathrm{e}^{\mathrm{i}n\omega_0 t} - \mathrm{e}^{-\mathrm{i}n\omega_0 t}}{2}\right)$$

$$= \frac{a_0}{2} + \sum_{n=1}^{+\infty}\left(\frac{a_n - \mathrm{i}b_n}{2}\mathrm{e}^{\mathrm{i}n\omega_0 t} + \frac{a_n + \mathrm{i}b_n}{2}\mathrm{e}^{-\mathrm{i}n\omega_0 t}\right).$$

若记　　$c_0 = \dfrac{a_0}{2}, \quad c_n = \dfrac{a_n - \mathrm{i}b_n}{2}, \quad c_{-n} = \dfrac{a_n + \mathrm{i}b_n}{2} \quad (n=1,2,\cdots),$

得

$$c_0 = \frac{1}{T}\int_{-\frac{T}{2}}^{\frac{T}{2}} f_T(t)\mathrm{d}t,$$

$$c_n = \frac{1}{T}\int_{-\frac{T}{2}}^{\frac{T}{2}} f_T(t)\mathrm{e}^{-\mathrm{i}n\omega_0 t}\mathrm{d}t,$$

$$c_{-n} = \frac{1}{T}\int_{-\frac{T}{2}}^{\frac{T}{2}} f_T(t)\mathrm{e}^{\mathrm{i}n\omega_0 t}\mathrm{d}t \quad (n=1,2,\cdots),$$

则
$$f_T(t) = \sum_{n=-\infty}^{+\infty} c_n \mathrm{e}^{in\omega_0 t} \quad (n = 0, \pm 1, \pm 2, \cdots), \tag{4-2}$$
其中
$$c_n = \frac{1}{T}\int_{-\frac{T}{2}}^{\frac{T}{2}} f_T(t)\mathrm{e}^{-in\omega_0 t}\mathrm{d}t \quad (n = 0, \pm 1, \pm 2, \cdots). \tag{4-3}$$

称式(4-1)右端为**傅里叶级数的三角形式**,式(4-2)右端为**傅里叶级数的复指数形式**,c_n 为 $f_T(t)$ 的**傅里叶系数**.

傅里叶级数在信号处理等方面应用广泛. 记
$$A_0 = \frac{a_0}{2}, \quad A_n = \sqrt{a_n^2 + b_n^2},$$
$$\cos\theta_n = \frac{a_n}{A_n}, \quad \sin\theta_n = \frac{-b_n}{A_n},$$

其中 $n=0,1,2,\cdots$,则式(4-1)变为
$$f_T(t) = \frac{a_0}{2} + \sum_{n=1}^{+\infty}\left(a_n\frac{\mathrm{e}^{in\omega_0 t}+\mathrm{e}^{-in\omega_0 t}}{2} + b_n\frac{\mathrm{e}^{in\omega_0 t}-\mathrm{e}^{-in\omega_0 t}}{2\mathrm{i}}\right)$$
$$= A_0 + \sum_{n=1}^{+\infty}A_n(\cos\theta_n\cos n\omega_0 t - \sin\theta_n\sin n\omega_0 t)$$
$$= A_0 + \sum_{n=1}^{+\infty}A_n\cos(n\omega_0 t + \theta_n).$$

当 $f_T(t)$ 表示信号时,上式表明:周期为 T 的信号可以分解为简谐波之和. 这些简谐波的(角)频率分别为一个基频 ω_0 的倍数. 换言之,信号 $f_T(t)$ 仅由一系列具有离散频率的谐波构成,其中 A_n 反映了频率为 $n\omega_0$ 的简谐波在 $f_T(t)$ 中所占份额,即振幅;θ_n 反映了频率为 $n\omega_0$ 的简谐波沿时间轴移动的大小,即相位. 这两个指标完全刻画了信号 $f_T(t)$ 的特性.

考察 c_n 与 A_n 的关系,不难发现
$$c_0 = A_0, \quad \arg c_n = -\arg c_{-n} = \theta_n,$$
$$|c_n| = |c_{-n}| = \frac{\sqrt{a_n^2 + b_n^2}}{2} = \frac{A_n}{2} \quad (n = 1, 2, \cdots).$$

c_n 的模与幅角正好是信号 $f_T(t)$ 中频率为 $n\omega_0$ 的简谐波的振幅与相位,其中振幅 A_n 被平均分配到正负频率上,而正负频率一起构成同一个简谐波. 可见,傅里叶系数 c_n 完全刻画了信号 $f_T(t)$ 的频率特征. 称 c_n 为 $f_T(t)$ 的**离散频谱**,记为 $F(n\omega_0)$,$|c_n|$ 为**离散振幅谱**,$\arg c_n$ 称为**离散相位谱**.

例 4.1 求以 T 为周期的函数

$$f_T(t)=\begin{cases}0, & -\dfrac{T}{2}<t<0\\[2mm]1, & 0<t<\dfrac{T}{2}\end{cases}$$

的离散频谱、傅里叶级数的复指数形式及其离散振幅谱和离散相位谱.

解 令 $\omega_0=\dfrac{2\pi}{T}$,则

当 $n=0$ 时,$c_0 = F(0) = \dfrac{1}{T}\displaystyle\int_{-\frac{T}{2}}^{\frac{T}{2}} f_T(t)\mathrm{d}t = \dfrac{1}{T}\displaystyle\int_0^{\frac{T}{2}}\mathrm{d}t = \dfrac{1}{2}$;

当 $n\neq 0$ 时,$c_n = F(n\omega_0) = \dfrac{1}{T}\displaystyle\int_{-\frac{T}{2}}^{\frac{T}{2}} f_T(t)\mathrm{e}^{-\mathrm{i}n\omega_0 t}\mathrm{d}t$

$$= \dfrac{1}{T}\int_0^{\frac{T}{2}}\mathrm{e}^{-\mathrm{i}n\omega_0 t}\mathrm{d}t = \dfrac{\mathrm{i}}{2n\pi}(\mathrm{e}^{-\mathrm{i}n\omega_0\frac{T}{2}}-1)$$

$$= \dfrac{\mathrm{i}}{2n\pi}(\mathrm{e}^{-\mathrm{i}n\pi}-1)=\begin{cases}0, & n=2k,\\[2mm]\dfrac{-\mathrm{i}}{n\pi}, & n=2k+1,\end{cases}\quad k\in\mathbf{Z},$$

因此,函数 $f_T(t)$ 的傅里叶级数的复指数形式为

$$f_T(t) = \dfrac{1}{2} + \sum_{n=-\infty,n\neq 0}^{+\infty} \dfrac{-\mathrm{i}}{(2n-1)\pi}\mathrm{e}^{\mathrm{i}(2n-1)\omega_0 t}.$$

振幅谱为

$$|c_n| = |F(n\omega_0)| = \begin{cases}\dfrac{1}{2}, & n=0,\\[2mm]0, & n=\pm 2,\pm 4,\cdots,\\[2mm]\dfrac{1}{n\pi}, & n=\pm 1,\pm 3,\cdots.\end{cases}$$

相位谱为

$$\mathrm{arg}F(n\omega_0)=\begin{cases}-\dfrac{\pi}{2}, & n=1,3,5,\cdots,\\[2mm]0, & n=\pm 2,\pm 4,\cdots,\\[2mm]\dfrac{\pi}{2}, & n=-1,-3,-5,\cdots.\end{cases}$$

其相应图形如图 4-1 所示.

根据工程学中的习惯用法,后面将以 j 表示虚数单位,即 $\mathrm{j}^2=-1$.

4.1.2 傅里叶变换的展开

对于定义在 $(-\infty,+\infty)$ 上的非周期函数 $f(t)$,我们讨论其傅里叶变换的展

图 4-1

开问题.

注意到任何一个非周期函数 $f(t)$ 都可以看作是某个周期函数 $f_T(t)$ 当 $T \to +\infty$ 时的极限,为了说明这一点,我们作周期为 T 的函数 $f_T(t)$,使其在 $\left(-\dfrac{T}{2}, \dfrac{T}{2}\right)$ 上等于 $f(t)$,而在 $\left(-\dfrac{T}{2}, \dfrac{T}{2}\right)$ 之外按 T 延拓出去,如图 4-2 所示.

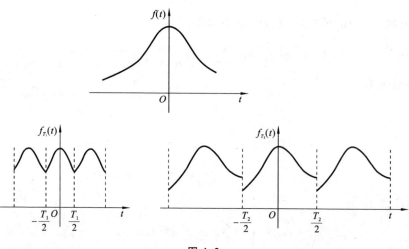

图 4-2

很明显,T 越大,$f_T(t)$ 与 $f(t)$ 相同的范围也越大,从而,当 $T \to +\infty$ 时,周期函数 $f_T(t)$ 就转化为非周期函数 $f(t)$,即

$$f(t) = \lim_{T \to +\infty} f_T(t),$$

于是,就有

$$f(t) = \lim_{T \to +\infty} \sum_{n=-\infty}^{+\infty} \left[\frac{1}{T} \int_{-\frac{T}{2}}^{\frac{T}{2}} f_T(\tau) \mathrm{e}^{-\mathrm{j}n\omega_0 \tau} \mathrm{d}\tau \right] \mathrm{e}^{\mathrm{j}n\omega_0 t}.$$

记 $\omega_n = n\omega_0$，$\Delta\omega = \omega_n - \omega_{n-1}$，则有 $\Delta\omega = \omega_0$，由 $T = \dfrac{2\pi}{\omega_0} = \dfrac{2\pi}{\Delta\omega}$，得

$$f(t) = \frac{1}{2\pi} \lim_{\Delta\omega \to 0} \sum_{n=-\infty}^{+\infty} \left[\int_{-\frac{\pi}{\Delta\omega}}^{\frac{\pi}{\Delta\omega}} f_T(\tau) \mathrm{e}^{-\mathrm{j}\omega_n \tau} \mathrm{d}\tau \right] \mathrm{e}^{\mathrm{j}\omega_n t} \Delta\omega.$$

由定积分定义，形式上有

$$f(t) = \frac{1}{2\pi} \int_{-\infty}^{+\infty} \left[\int_{-\infty}^{+\infty} f(\tau) \mathrm{e}^{-\mathrm{j}\omega\tau} \mathrm{d}\tau \right] \mathrm{e}^{\mathrm{j}\omega t} \mathrm{d}\omega. \tag{4-4}$$

称式(4-4)为函数 $f(t)$ 的**傅里叶积分公式**.

定理 4.1(傅里叶积分定理)　若函数 $f(t)$ 在区间 $(-\infty, +\infty)$ 上任一有限区间满足狄利克雷条件，且在 $(-\infty, +\infty)$ 上绝对可积(即定积分 $\int_{-\infty}^{+\infty} |f(x)| \mathrm{d}x$ 收敛)，则

$$f(t) = \frac{1}{2\pi} \int_{-\infty}^{+\infty} \left[\int_{-\infty}^{+\infty} f(\tau) \mathrm{e}^{-\mathrm{j}\omega\tau} \mathrm{d}\tau \right] \mathrm{e}^{\mathrm{j}\omega t} \mathrm{d}\omega$$

成立，在 $f(t)$ 的间断点处，等式左端应为 $\dfrac{1}{2}\left[f(t+0) + f(t-0) \right]$.

称 $\displaystyle\int_{-\infty}^{+\infty} f(t) \mathrm{e}^{-\mathrm{j}\omega t} \mathrm{d}t$ 为函数 $f(t)$ 的**傅里叶变换**，记为

$$F(\omega) = \mathscr{F}\left[f(t) \right] = \int_{-\infty}^{+\infty} f(t) \mathrm{e}^{-\mathrm{j}\omega t} \mathrm{d}t. \tag{4-5}$$

称 $\dfrac{1}{2\pi} \displaystyle\int_{-\infty}^{+\infty} F(\omega) \mathrm{e}^{\mathrm{j}\omega t} \mathrm{d}\omega$ 为 $F(\omega)$ 的**傅里叶逆变换**，记为

$$f(t) = \mathscr{F}^{-1}\left[F(\omega) \right] = \frac{1}{2\pi} \int_{-\infty}^{+\infty} F(\omega) \mathrm{e}^{\mathrm{j}\omega t} \mathrm{d}\omega. \tag{4-6}$$

$F(\omega)$ 叫作 $f(t)$ 的**像函数**，$f(t)$ 叫作 $F(\omega)$ 的**像原函数**，像函数 $F(\omega)$ 与像原函数 $f(t)$ 构成一个**傅里叶变换对**，它们可以互相表达.

在频谱分析中，傅里叶变换 $F(\omega)$ 又称为 $f(t)$ 的**频谱函数**. 频谱函数 $F(\omega)$ 的模 $|F(\omega)|$ 称为 $f(t)$ 的**振幅频谱**，简称**频谱**，它表示各频率分量的相对大小，称 $\arg F(\omega)$ 为**相位谱**.

对一个时间函数作傅里叶变换，就是求这个时间函数的频谱函数，反之，进行傅里叶逆变换，就是求时间函数. 在信号处理中，多以信号的频谱函数进行信号分析.

下面介绍几种典型的非周期信号频谱函数.

例 4.2　求单边指数衰减信号

$$f(t) = \begin{cases} 0, & t < 0 \\ \mathrm{e}^{-\beta t}, & t \geqslant 0 \end{cases} \quad (\beta > 0)$$

的频谱函数及积分表达式,并画出振幅谱图和相位谱图.

解　由定义可知,频谱函数为

$$F(\omega) = \mathscr{F}[f(t)] = \int_{-\infty}^{+\infty} f(t)\mathrm{e}^{-\mathrm{j}\omega t}\,\mathrm{d}t$$

$$= \int_0^{+\infty} \mathrm{e}^{-\beta t}\mathrm{e}^{-\mathrm{j}\omega t}\,\mathrm{d}t = \int_0^{+\infty} \mathrm{e}^{-(\beta+\mathrm{j}\omega)t}\,\mathrm{d}t$$

$$= \frac{1}{\beta+\mathrm{j}\omega} = \frac{\beta-\mathrm{j}\omega}{\beta^2+\omega^2}.$$

振幅谱和相位谱分别为

$$|F(\omega)| = \frac{1}{\sqrt{\beta^2+\omega^2}}, \quad \arg F(\omega) = -\arctan\frac{\omega}{\beta}.$$

根据式(4-6)知,$f(t)$的积分表达式为

$$f(t) = \mathscr{F}^{-1}[F(\omega)] = \frac{1}{2\pi}\int_{-\infty}^{+\infty} F(\omega)\mathrm{e}^{\mathrm{j}\omega t}\,\mathrm{d}\omega$$

$$= \frac{1}{2\pi}\int_{-\infty}^{+\infty} \frac{\beta-\mathrm{j}\omega}{\beta^2+\omega^2}\mathrm{e}^{\mathrm{j}\omega t}\,\mathrm{d}\omega$$

$$= \frac{1}{\pi}\int_0^{+\infty} \frac{\beta\cos\omega t + \omega\sin\omega t}{\beta^2+\omega^2}\,\mathrm{d}\omega.$$

振幅谱图和相位谱图分别如图 4-3(a)和图 4-3(b)所示.

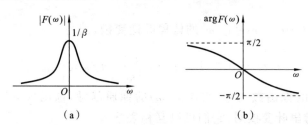

图 4-3

由例 4.2 中的积分表达式还可以得到一个广义积分的结论:

$$\int_0^{+\infty} \frac{\beta\cos\omega t + \omega\sin\omega t}{\beta^2+\omega^2}\,\mathrm{d}\omega = \begin{cases} 0, & t < 0, \\ \pi/2, & t = 0, \\ \pi\mathrm{e}^{-\beta t}, & t > 0. \end{cases}$$

例 4.3　如图 4-4(a)所示,求钟形脉冲函数

$$f(t) = E\mathrm{e}^{-\beta t^2}$$

的频谱函数及其积分表达式,其中 $E, \beta > 0$.

解　由定义可知,频谱函数为

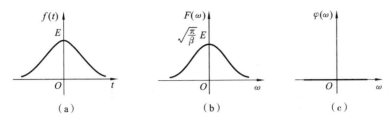

图 4-4

$$F(\omega) = \mathscr{F}[f(t)] = \int_{-\infty}^{+\infty} f(t) e^{-j\omega t} dt = \int_{-\infty}^{+\infty} E e^{-\beta t^2} e^{-j\omega t} dt$$

$$= E e^{-\frac{\omega^2}{4\beta}} \int_{-\infty}^{+\infty} e^{-\beta \left(t + \frac{j\omega}{2\beta}\right)^2} dt$$

$$= \sqrt{\frac{\pi}{\beta}} E e^{-\frac{\omega^2}{4\beta}}.$$

从而

$$|F(\omega)| = \sqrt{\frac{\pi}{\beta}} E e^{-\frac{\omega^2}{4\beta}}, \quad \arg F(\omega) = 0,$$

其图形如图 4-4(b)、(c)所示.

下面求钟形脉冲函数的积分表达式. 根据式(4-6),有

$$f(t) = \mathscr{F}^{-1}[F(\omega)] = \frac{1}{2\pi} \int_{-\infty}^{+\infty} F(\omega) e^{j\omega t} d\omega$$

$$= \frac{1}{2\pi} \sqrt{\frac{\pi}{\beta}} E \int_{-\infty}^{+\infty} e^{-\frac{\omega^2}{4\beta}} (\cos\omega t + j\sin\omega t) d\omega$$

$$= \frac{E}{\sqrt{\pi\beta}} \int_{0}^{+\infty} e^{-\frac{\omega^2}{4\beta}} \cos\omega t \, d\omega.$$

由此可以得到结论

$$\int_{0}^{+\infty} e^{-\frac{\omega^2}{4\beta}} \cos\omega t \, d\omega = \frac{\sqrt{\pi\beta}}{E} f(t) = \sqrt{\pi\beta} e^{-\beta t^2}.$$

例 4.4　已知 $f(t)$ 的频谱函数为

$$F(\omega) = \begin{cases} 0, & |\omega| \geqslant \alpha, \\ 1, & |\omega| < \alpha, \end{cases}$$

其中 $\alpha > 0$,求 $f(t)$.

解　由式(4-6),有

$$f(t) = \mathscr{F}^{-1}[F(\omega)] = \frac{1}{2\pi} \int_{-\infty}^{+\infty} F(\omega) e^{j\omega t} d\omega$$

$$= \frac{1}{2\pi}\int_{-\alpha}^{+\alpha} e^{j\omega t}\,d\omega$$

$$= \frac{\sin\alpha t}{\pi t} = \frac{\alpha}{\pi} \cdot \frac{\sin\alpha t}{\alpha t}.$$

记 $\mathrm{sinc}(t) = \dfrac{\sin t}{t}$，则将 $f(t) = \dfrac{\alpha}{\pi}\mathrm{sinc}(\alpha t)$ 称为**抽样信号**.

当 $t = 0$ 时，定义 $f(0) = \dfrac{\alpha}{\pi}$. 由于抽样信号具有非常特殊的频谱形式，因而在连续时间的离散化、离散时间信号的恢复以及信号滤波中发挥着重要作用，其图形如图 4-5 所示：

图 4-5

在物理学和工程技术中，有许多重要函数不满足傅里叶积分定理中的绝对可积条件，即不满足条件

$$\int_{-\infty}^{+\infty} |f(t)|\,dt < \infty,$$

例如常数、符号函数、单位阶跃函数以及正、余弦函数等. 以常函数 $f(t) = 1$ 为例，此时

$$\mathscr{F}[f(t)] = \int_{-\infty}^{+\infty} e^{-j\omega t}\,dt = \int_{-\infty}^{+\infty}(\cos\omega t + j\sin\omega t)\,dt.$$

由于正弦函数与余弦函数在无穷远点都不收敛，因此该积分在经典意义下不存在. 但是利用 δ-函数及其傅里叶变换却可以求出这些函数的广义傅里叶变换.

δ-函数是一个极为重要的函数，它的概念中所包含的数学思想在数学领域中流传了一个多世纪. 利用 δ-函数可使傅里叶分析中的许多论证变得极为简捷，可用其表示许多函数的傅里叶变换. 值得注意的是，它并不是一般意义下的函数，而是一个广义函数，在物理学中有着广泛的应用. 有许多物理现象具有一种脉冲特性——它们仅在某一瞬间或某一点出现，如瞬时冲击力、脉冲电流、质点的质量等，这些物理量都不能用通常的函数形式来描述，但是借助 δ-函数却很容易表

示出这种特性.

下面,我们通过一个例子来引入 δ 函数的概念.

例 4.5 将质量为 m、长度为 ε 的均匀细杆放在 x 轴的 $[0,\varepsilon]$ 上,求它的线密度函数 $\rho_\varepsilon(x)$.

解 由题意可知

$$\rho_\varepsilon(x) = \begin{cases} \dfrac{m}{\varepsilon}, & 0 \leqslant x \leqslant \varepsilon, \\ 0, & \text{其他}. \end{cases} \tag{4-7}$$

将质点放置在坐标原点,则可认为其相当于取 $\varepsilon \to 0$ 的结果.按式(4-7),则质点的密度函数 $\rho(x)$ 为

$$\rho(x) = \lim_{\varepsilon \to 0} \rho_\varepsilon(x) = \begin{cases} \infty, & x = 0, \\ 0, & x \neq 0, \end{cases} \tag{4-8}$$

且满足

$$\int_{-\infty}^{+\infty} \rho(x) \, \mathrm{d}x = m.$$

例 4.6 某电路原电流为 0,若 $t = 0$ 时刻输入一单位电量的脉冲,求电路上的电流.

解 设 $Q(t)$ 表示电路中的电荷函数,则

$$Q(t) = \begin{cases} 1, & t = 0, \\ 0, & t \neq 0, \end{cases} \tag{4-9}$$

而

$$I(t) = Q'(t) = \lim_{\Delta t \to 0} \frac{Q(t + \Delta t) - Q(t)}{\Delta t} = \begin{cases} \infty, & t = 0, \\ 0, & t \neq 0, \end{cases} \tag{4-10}$$

且电路从 $t = 0$ 到以后任意时刻的电量为

$$Q = \int_0^{t_0} I(t) \, \mathrm{d}t = \int_{-\infty}^{+\infty} I(t) \, \mathrm{d}t = 1.$$

显然从以上两个例子可以看出,仅用"常规"函数的表示方法,并不能反映出事物本身的性质,为此需要引入一个新的函数,也就是所谓的**单位脉冲函数**,又称为**狄拉克函数**,简称 δ-函数,记为 $\delta(t)$,这里符号 δ 是由狄拉克于 1930 年左右在量子力学中引进的.

定义 4.1 单位脉冲函数 $\delta(t)$ 是指满足下面两个条件的广义函数:

(1) $\delta(t) = \begin{cases} 0, & t \neq 0, \\ \infty, & t = 0; \end{cases}$

(2) $\displaystyle\int_{-\infty}^{+\infty} \delta(t) \, \mathrm{d}t = 1.$

需要指出的是,上述定义方式在理论上是不严格的,它只是对 δ-函数的某种描述.事实上,δ-函数并不是经典意义下的函数,而是一个广义函数,它可以从不同的角度来理解.工程上通常将它看作是持续时间极短的矩形波.可以将 δ-函数定义为

$$\delta_\varepsilon(t) = \begin{cases} 0, & t < 0 \\ \dfrac{1}{\varepsilon}, & 0 \leqslant t \leqslant \varepsilon \\ 0, & t > \varepsilon \end{cases}$$

的弱极限.

$\delta_\varepsilon(t)$ 的图形如图 4-6 所示,$\delta_\varepsilon(t)$ 是一个宽为 ε、高为 $\dfrac{1}{\varepsilon}$ 的矩形脉冲函数.

图 4-6

在例 4.6 中,若输入的脉冲表示单位脉冲信号延迟了时间 t_0 才产生,则 δ-函数为 $\delta(t-t_0)$ 函数,且满足

$$\delta(t-t_0) = \begin{cases} \infty, & t = t_0, \\ 0, & t \neq t_0, \end{cases} \qquad \int_{-\infty}^{+\infty} \delta(t-t_0)\mathrm{d}t = 1.$$

同理,若单位脉冲信号提前了时间 t_0 才产生,则 δ-函数可以表示为 $\delta(t+t_0)$,且满足

$$\delta(t+t_0) = \begin{cases} \infty, & t = -t_0, \\ 0, & t \neq -t_0, \end{cases} \qquad \int_{-\infty}^{+\infty} \delta(t+t_0)\mathrm{d}t = 1.$$

注意　δ-函数有一个重要性质——**筛选性质**,即若 $f(t)$ 是定义在实数域 **R** 上的有界函数,且在点 $t=0$ 处连续,则

$$\int_{-\infty}^{+\infty} f(t)\delta(t)\mathrm{d}t = f(0).$$

一般地,

$$\int_{-\infty}^{+\infty} f(t)\delta(t-t_0)\mathrm{d}t = f(t_0).$$

例 4.7　求 δ-函数的傅里叶变换.

解
$$F(\omega) = \mathscr{F}[\delta(t)] = \int_{-\infty}^{+\infty} \delta(t) e^{-j\omega t} dt$$
$$= e^{-j\omega t} \mid_{t=0} = 1. \quad (\delta\text{-函数的筛选性质})$$

可见,单位脉冲函数 $\delta(t)$ 与常数 1 构成了一个傅里叶变换对.同理,$\delta(t-t_0)$ 与 $e^{-j\omega t_0}$ 亦构成了一个傅里叶变换对.

例 4.8　证明单位阶跃函数
$$u(t) = \begin{cases} 0, & t < 0 \\ 1, & t > 0 \end{cases}$$

的傅里叶变换为 $\dfrac{1}{j\omega} + \pi\delta(\omega)$.

证明　若 $F(\omega) = \dfrac{1}{j\omega} + \pi\delta(\omega)$,则
$$f(t) = \mathscr{F}^{-1}[F(\omega)] = \frac{1}{2\pi} \int_{-\infty}^{+\infty} \left[\frac{1}{j\omega} + \pi\delta(\omega)\right] e^{j\omega t} d\omega$$
$$= \frac{1}{2\pi} \int_{-\infty}^{+\infty} \pi\delta(\omega) e^{j\omega t} d\omega + \frac{1}{2\pi} \int_{-\infty}^{+\infty} \frac{e^{j\omega t}}{j\omega} d\omega.$$

注意到
$$\int_{-\infty}^{+\infty} \frac{e^{j\omega t}}{j\omega} d\omega = \int_{-\infty}^{+\infty} \frac{\cos\omega t + j\sin\omega t}{j\omega} d\omega = \int_{-\infty}^{+\infty} \frac{\cos\omega t}{j\omega} d\omega + \int_{-\infty}^{+\infty} \frac{j\sin\omega t}{j\omega} d\omega,$$

根据被积函数的奇偶性,得
$$f(t) = \frac{1}{2} \int_{-\infty}^{+\infty} \delta(\omega) e^{j\omega t} d\omega + \frac{1}{2\pi} \int_{-\infty}^{+\infty} \frac{\sin\omega t}{\omega} d\omega$$
$$= \frac{1}{2} + \frac{1}{\pi} \int_{0}^{+\infty} \frac{\sin\omega t}{\omega} d\omega.$$

因为 $\displaystyle\int_{0}^{+\infty} \frac{\sin\omega}{\omega} d\omega = \frac{\pi}{2}$,有
$$\int_{0}^{+\infty} \frac{\sin\omega t}{\omega} d\omega = \begin{cases} -\dfrac{\pi}{2}, & t < 0, \\[2mm] 0, & t = 0, \\[2mm] \dfrac{\pi}{2}, & t > 0, \end{cases}$$

故
$$f(t) = \frac{1}{2} + \frac{1}{\pi} \int_{0}^{+\infty} \frac{\sin\omega t}{\omega} d\omega = \begin{cases} 0, & t < 0 \\ 1, & t > 0 \end{cases} = u(t),$$

即 $\dfrac{1}{j\omega} + \pi\delta(\omega)$ 的傅里叶逆变换为 $u(t)$.所以,$u(t)$ 和 $\dfrac{1}{j\omega} + \pi\delta(\omega)$ 构成一个傅里叶变换对.

若 $F(\omega)=2\pi\delta(\omega)$，则由傅里叶逆变换可得

$$f(t) = \frac{1}{2\pi}\int_{-\infty}^{+\infty} F(\omega)\mathrm{e}^{\mathrm{j}\omega t}\,\mathrm{d}\omega = \frac{1}{2\pi}\int_{-\infty}^{+\infty} 2\pi\delta(\omega)\mathrm{e}^{\mathrm{j}\omega t}\,\mathrm{d}\omega = 1,$$

所以 1 和 $2\pi\delta(\omega)$ 也构成傅里叶变换对.

同理，若　　　　　　　　　$F(\omega)=2\pi\delta(\omega-\omega_0)$，

由

$$f(t) = \frac{1}{2\pi}\int_{-\infty}^{+\infty} F(\omega)\mathrm{e}^{\mathrm{j}\omega t}\,\mathrm{d}\omega = \frac{1}{2\pi}\int_{-\infty}^{+\infty} 2\pi\delta(\omega-\omega_0)\mathrm{e}^{\mathrm{j}\omega t}\,\mathrm{d}\omega = \mathrm{e}^{\mathrm{j}\omega_0 t},$$

可得 $\mathrm{e}^{\mathrm{j}\omega_0 t}$ 和 $2\pi\delta(\omega-\omega_0)$ 也构成傅里叶变换对，即

$$1\leftrightarrow 2\pi\delta(\omega),\quad \mathrm{e}^{\mathrm{j}\omega_0 t}\leftrightarrow 2\pi\delta(\omega-\omega_0).$$

由上面两个函数的变换可得

$$\int_{-\infty}^{+\infty}\mathrm{e}^{-\mathrm{j}\omega t}\,\mathrm{d}t = 2\pi\delta(\omega),$$

$$\int_{-\infty}^{+\infty}\mathrm{e}^{-\mathrm{j}(\omega-\omega_0)t}\,\mathrm{d}t = 2\pi\delta(\omega-\omega_0).$$

例 4.9　求正弦函数 $f(t)=\sin\omega_0 t$ 的傅里叶变换.

解
$$\begin{aligned}
F(\omega) &= \mathscr{F}[f(t)] = \int_{-\infty}^{+\infty}\mathrm{e}^{-\mathrm{j}\omega t}\sin\omega_0 t\,\mathrm{d}t \\
&= \int_{-\infty}^{+\infty}\frac{\mathrm{e}^{\mathrm{j}\omega_0 t}-\mathrm{e}^{-\mathrm{j}\omega_0 t}}{2\mathrm{j}}\mathrm{e}^{-\mathrm{j}\omega t}\,\mathrm{d}t \\
&= \frac{1}{2\mathrm{j}}\int_{-\infty}^{+\infty}\left[\mathrm{e}^{-\mathrm{j}(\omega-\omega_0)t}-\mathrm{e}^{-\mathrm{j}(\omega+\omega_0)t}\right]\mathrm{d}t \\
&= \frac{1}{2\mathrm{j}}\left[2\pi\delta(\omega-\omega_0)-2\pi\delta(\omega+\omega_0)\right] \\
&= \mathrm{j}\pi\left[\delta(\omega+\omega_0)-\delta(\omega-\omega_0)\right].
\end{aligned}$$

同理，可得　$F(\omega)=\mathscr{F}[\cos\omega_0 t]=\pi[\delta(\omega-\omega_0)+\delta(\omega+\omega_0)]$.

4.2　傅里叶变换的性质和卷积

4.2.1　傅里叶变换的基本性质

为了叙述方便，假定在下列性质中，傅里叶变换的函数都满足傅里叶积分定理的条件，在证明这些性质时，不再重述这些条件.

1. 线性性质

设 $F_1(\omega)=\mathscr{F}[f_1(t)]$，$F_2(\omega)=\mathscr{F}[f_2(t)]$，$\alpha,\beta$ 是常数，则

$$\mathscr{F}\big[\alpha f_1(t)+\beta f_2(t)\big]=\alpha F_1(\omega)+\beta F_2(\omega),\tag{4-11}$$

即
$$\mathscr{F}^{-1}\big[\alpha F_1(\omega)+\beta F_2(\omega)\big]=\alpha f_1(t)+\beta f_2(t).\tag{4-12}$$

这个性质表明傅里叶变换满足叠加原理,即函数(或信号)是可以叠加的.

例 4.10　求 $F(\omega)=\dfrac{1}{(1+\mathrm{j}\omega)(1+2\mathrm{j}\omega)}$ 的傅里叶逆变换.

解　根据例 4.2 可知,当 $f(t)=\begin{cases}0,&t<0\\ \mathrm{e}^{-\beta t},&t\geqslant 0\end{cases}(\beta>0)$ 时,有

$$\frac{1}{\beta+\mathrm{j}\omega}=\int_0^{+\infty}\mathrm{e}^{-(\beta+\mathrm{j}\omega)t}\,\mathrm{d}t=\int_{-\infty}^{+\infty}f(t)\mathrm{e}^{-\mathrm{j}\omega t}\,\mathrm{d}t.$$

由于

$$F(\omega)=\frac{1}{(1+\mathrm{j}\omega)(1+2\mathrm{j}\omega)}=\frac{1}{\dfrac{1}{2}+\mathrm{j}\omega}-\frac{1}{1+\mathrm{j}\omega},$$

根据线性性质与例 4.2 结论,则有

$$\mathscr{F}^{-1}\big[F(\omega)\big]=\begin{cases}0,&t<0,\\ \mathrm{e}^{-\frac{1}{2}t}-\mathrm{e}^{-t},&t\geqslant 0.\end{cases}$$

2. 位移性质

设 $F(\omega)=\mathscr{F}\big[f(t)\big]$,$t_0$ 为实数,则
$$\mathscr{F}\big[f(t\pm t_0)\big]=\mathrm{e}^{\pm \mathrm{j}\omega t_0}F(\omega),\tag{4-13}$$

即
$$\mathscr{F}^{-1}\big[\mathrm{e}^{\pm \mathrm{j}\omega t_0}F(\omega)\big]=f(t\pm t_0).\tag{4-14}$$

它表明时间函数 $f(t)$ 沿 t 轴向左或者向右移 t_0 的傅里叶变换,等于 $f(t)$ 的傅里叶变换乘以因子 $\mathrm{e}^{\mathrm{j}\omega_0 t}$ 或者 $\mathrm{e}^{-\mathrm{j}\omega_0 t}$. 式(4-13)又称为**时域上的位移性质**,式(4-14)又称为**频域上的位移性质**.

例 4.11　求 $F(\omega)=\dfrac{1}{1+\mathrm{j}(\omega+\omega_0)}$ 的傅里叶逆变换,$\omega_0\in\mathbf{R}$.

解　令 $\omega'=\omega+\omega_0$,记 $F_1(\omega')=\dfrac{1}{1+\mathrm{j}\omega'}$,根据例 4.2 和位移性质,有

$$\mathscr{F}^{-1}\big[F_1(\omega')\big]=\mathrm{e}^{\mathrm{j}\omega_0 t}\mathscr{F}^{-1}\big[F(\omega)\big]=\begin{cases}0,&t<0,\\ \mathrm{e}^{-t},&t\geqslant 0,\end{cases}$$

因此

$$\mathscr{F}^{-1}\big[F(\omega)\big]=\begin{cases}0,&t<0,\\ \mathrm{e}^{-(1+\mathrm{j}\omega_0)t},&t\geqslant 0.\end{cases}$$

3. 对称性质

若 $\mathscr{F}\big[f(t)\big]=F(\omega)$,则

$$\mathscr{F}[F(t)]=2\pi f(-\omega).\qquad(4\text{-}15)$$

证明　由傅里叶逆变换公式,可知

$$f(t)=\frac{1}{2\pi}\int_{-\infty}^{+\infty}F(\omega)\mathrm{e}^{\mathrm{j}\omega t}\mathrm{d}\omega=\frac{1}{2\pi}\int_{-\infty}^{+\infty}F(u)\mathrm{e}^{\mathrm{j}ut}\mathrm{d}u,$$

令 $t=-\omega$,则

$$f(-\omega)=\frac{1}{2\pi}\int_{-\infty}^{+\infty}F(u)\mathrm{e}^{-\mathrm{j}\omega u}\mathrm{d}u=\frac{1}{2\pi}\int_{-\infty}^{+\infty}F(t)\mathrm{e}^{-\mathrm{j}\omega t}\mathrm{d}t.$$

由傅里叶变换的定义知

$$\mathscr{F}[F(t)]=2\pi f(-\omega).$$

例 4.12　已知矩形脉冲函数

$$f(t)=\begin{cases}1,&|t|<1,\\0,&|t|\geqslant1,\end{cases}$$

求它的傅里叶变换,并利用其傅里叶变换求 $\mathscr{F}\left[\dfrac{\sin t}{t}\right]$.

解　矩形脉冲函数的傅里叶变换

$$F(\omega)=\mathscr{F}[f(t)]=\int_{-\infty}^{+\infty}f(t)\mathrm{e}^{-\mathrm{j}\omega t}\mathrm{d}t=\int_{-1}^{1}\mathrm{e}^{-\mathrm{j}\omega t}\mathrm{d}t$$
$$=\frac{\mathrm{e}^{\mathrm{j}\omega}-\mathrm{e}^{-\mathrm{j}\omega}}{\mathrm{j}\omega}=\frac{2}{\omega}\sin\omega,$$

由对称性质,有

$$\mathscr{F}[F(t)]=\mathscr{F}\left(\frac{2\sin t}{t}\right)=2\pi f(-\omega),$$

所以

$$\mathscr{F}\left(\frac{\sin t}{t}\right)=\pi f(-\omega)=\begin{cases}\pi,&|\omega|<1,\\0,&|\omega|\geqslant1.\end{cases}$$

4. 微分性质

如果 $f(t)$ 在 $(-\infty,+\infty)$ 上连续或只有有限个可去间断点,且当 $|t|\to+\infty$ 时,$f(t)\to0$,则

$$\mathscr{F}[f'(t)]=\mathrm{j}\omega\mathscr{F}[f(t)].\qquad(4\text{-}16)$$

证明　由傅里叶变换的定义,并利用分部积分可得

$$\mathscr{F}[f'(t)]=\int_{-\infty}^{+\infty}f'(t)\mathrm{e}^{-\mathrm{j}\omega t}\mathrm{d}t$$
$$=f(t)\mathrm{e}^{-\mathrm{j}\omega t}\Big|_{-\infty}^{+\infty}+\mathrm{j}\omega\int_{-\infty}^{+\infty}f(t)\mathrm{e}^{-\mathrm{j}\omega t}\mathrm{d}t$$
$$=\mathrm{j}\omega\mathscr{F}[f(t)].$$

推论　如果 $f^{(k)}(t)(k=1,2,\cdots,n)$ 在 **R** 上连续或只有有限个可去间断点,且当 $|t|\to+\infty$ 时,$f^{(k)}(t)\to0(k=1,2,\cdots,n-1)$,则

$$\mathscr{F}[f^{(n)}(t)]=(\mathrm{j}\omega)^n\mathscr{F}[f(t)].\qquad(4\text{-}17)$$

由此,我们还能得到像函数的导数公式:

$$\frac{\mathrm{d}^n}{\mathrm{d}\omega^n}F(\omega)=(-\mathrm{j})^n\mathscr{F}[t^nf(t)].\qquad(4\text{-}18)$$

在实际应用中,常用式(4-18)来计算函数 $t^nf(t)$ 的傅里叶变换.

例 4.13　利用像函数的微分性质,求 $f(t)=te^{-t^2}$ 的傅里叶变换.

解　已知钟形脉冲函数 $f(t)=Ee^{-\beta t^2}$ 的傅里叶变换为

$$F(\omega)=\sqrt{\frac{\pi}{\beta}}Ee^{-\frac{\omega^2}{4\beta}},$$

当 $E=1,\beta=1$ 时,可得

$$\mathscr{F}(e^{-t^2})=\sqrt{\pi}e^{-\frac{\omega^2}{4}}.$$

由像函数的微分性质可得

$$\mathscr{F}(-\mathrm{j}te^{-t^2})=\frac{\mathrm{d}}{\mathrm{d}\omega}(\sqrt{\pi}e^{-\frac{\omega^2}{4}})=-\frac{\sqrt{\pi}}{2}\omega e^{-\frac{\omega^2}{4}},$$

即

$$\mathscr{F}(te^{-t^2})=\frac{\mathrm{j}\mathrm{d}}{\mathrm{d}\omega}(\sqrt{\pi}e^{-\frac{\omega^2}{4}})=-\frac{\sqrt{\pi}\mathrm{j}}{2}\omega e^{-\frac{\omega^2}{4}}.$$

5. 积分性质

如果当 $t\to+\infty$ 时,$g(t)=\int_{-\infty}^t f(t)\mathrm{d}t\to0$,则

$$\mathscr{F}\left[\int_{-\infty}^t f(t)\mathrm{d}t\right]=\frac{1}{\mathrm{j}\omega}\mathscr{F}[f(t)].\qquad(4\text{-}19)$$

证明　由 $\dfrac{\mathrm{d}}{\mathrm{d}t}\int_{-\infty}^t f(t)\mathrm{d}t=f(t)$,得到

$$\mathscr{F}[f(t)]=\mathrm{j}\omega\mathscr{F}\left[\int_{-\infty}^t f(t)\mathrm{d}t\right],$$

故

$$\mathscr{F}\left[\int_{-\infty}^t f(t)\mathrm{d}t\right]=\frac{1}{\mathrm{j}\omega}\mathscr{F}[f(t)].$$

若 $\mathscr{F}[f(t)]=F(\omega)$,容易证明傅里叶变换还有下列性质:

$$\mathscr{F}[f(at)]=\frac{1}{|a|}F\left(\frac{\omega}{a}\right)\quad(a\neq0),$$

称其为**相似性质**.

例 4.14　求 $\mathscr{F}[u(4t)]$.

解　已知单位阶跃函数

$$u(t)=\begin{cases}0, & t<0 \\ 1, & t\geqslant 0\end{cases}$$

的傅里叶变换为 $\dfrac{1}{j\omega}+\pi\delta(\omega)$,故

$$\mathscr{F}[u(4t)]=\frac{1}{4}\left[\frac{4}{j\omega}+\pi\delta\left(\frac{\omega}{4}\right)\right]=\frac{1}{j\omega}+\frac{\pi}{4}\delta\left(\frac{\omega}{4}\right).$$

4.2.2　卷积

函数的卷积是一个重要概念.近年来,随着信号与系统理论研究的深入以及计算机技术的发展,卷积方法得到了更广泛的应用.下面从数学上给出卷积的定义.

定义 4.2　已知函数 $f_1(t)$,$f_2(t)$,则积分 $\displaystyle\int_{-\infty}^{+\infty}f_1(\tau)f_2(t-\tau)\mathrm{d}\tau$ 称为函数 $f_1(t)$ 与 $f_2(t)$ 的卷积,记为 $f_1(t)*f_2(t)$,即

$$f_1(t)*f_2(t)=\int_{-\infty}^{+\infty}f_1(\tau)f_2(t-\tau)\mathrm{d}\tau. \tag{4-20}$$

例 4.15　若函数

$$f_1(t)=\begin{cases}0, & t<0, \\ 1, & t\geqslant 0,\end{cases}\qquad f_2(t)=\begin{cases}0, & t<0, \\ \mathrm{e}^{-t}, & t\geqslant 0,\end{cases}$$

计算卷积 $f_1(t)*f_2(t)$.

解　函数 $f_1(t)$,$f_2(t)$ 的图形如图 4-7(a)、(b)所示.

（a）　　　　　　　　　　　　　（b）

图 4-7

由卷积定义知,

$$f_1(t)*f_2(t)=\int_{-\infty}^{+\infty}f_1(\tau)f_2(t-\tau)\mathrm{d}\tau,$$

当 $t\geqslant 0$ 时,

$$f_1(t)*f_2(t)=\int_0^t 1\cdot\mathrm{e}^{\tau-t}\mathrm{d}\tau=\mathrm{e}^{-t}\int_0^t 1\cdot\mathrm{e}^{\tau}\mathrm{d}\tau=1-\mathrm{e}^{-t},$$

故
$$f_1(t) * f_2(t) = \begin{cases} 0, & t<0, \\ 1-\mathrm{e}^{-t}, & t \geqslant 0. \end{cases}$$

卷积 $f_1(t) * f_2(t)$ 的图形如图 4-8 所示.

图 4-8

对于任意函数 $f(t)$,都有

$$f(t) * \delta(t) = \int_{-\infty}^{+\infty} f(\tau)\delta(t-\tau)\mathrm{d}\tau = f(t).$$

因此,单位脉冲函数 $\delta(t)$ 在卷积运算中起着类似数的运算中 1 的作用.

根据定义,可以验证卷积满足如下性质:

(1) 交换律

$$f_1(t) * f_2(t) = f_2(t) * f_1(t);$$

(2) 结合律

$$[f_1(t) * f_2(t)] * f_3(t) = f_1(t) * [f_2(t) * f_3(t)];$$

(3) 分配律

$$f_1(t) * [f_2(t)+f_3(t)] = f_1(t) * f_2(t)+f_1(t) * f_3(t);$$

(4) 不等性

$$|f_1(t) * f_2(t)| \leqslant |f_1(t)| * |f_2(t)|.$$

定理 4.2(卷积定理) 若 $F_1(\omega)=\mathscr{F}[f_1(t)]$,$F_2(\omega)=\mathscr{F}[f_2(t)]$,则

(1) $\mathscr{F}[f_1(t) * f_2(t)]=F_1(\omega) \cdot F_2(\omega)$,

$\mathscr{F}^{-1}[F_1(\omega) \cdot F_2(\omega)]=f_1(t) * f_2(t);$

(2) $\mathscr{F}[f_1(t) \cdot f_2(t)]=\dfrac{1}{2\pi}F_1(\omega) * F_2(\omega).$

证明 按傅里叶变换的定义,有

$$\mathscr{F}[f_1(t) * f_2(t)] = \int_{-\infty}^{+\infty}[f_1(t) * f_2(t)]\mathrm{e}^{-\mathrm{j}\omega t}\mathrm{d}t$$

$$= \int_{-\infty}^{+\infty}\left[\int_{-\infty}^{+\infty}f_1(\tau)f_2(t-\tau)\mathrm{d}\tau\right]\mathrm{e}^{-\mathrm{j}\omega t}\mathrm{d}t$$

$$= \int_{-\infty}^{+\infty}\int_{-\infty}^{+\infty}f_1(\tau)\mathrm{e}^{-\mathrm{j}\omega\tau}f_2(t-\tau)\mathrm{e}^{-\mathrm{j}\omega(t-\tau)}\mathrm{d}\tau\mathrm{d}t$$

$$= \int_{-\infty}^{+\infty} f_1(\tau) \mathrm{e}^{-\mathrm{j}\omega\tau} \left[\int_{-\infty}^{+\infty} f_2(t-\tau) \mathrm{e}^{-\mathrm{j}\omega(t-\tau)} \, \mathrm{d}t \right] \mathrm{d}\tau$$

$$= F_1(\omega) \cdot F_2(\omega).$$

卷积定理表明:若 $f_1(t) \leftrightarrow F_1(\omega), f_2(t) \leftrightarrow F_2(\omega)$,则

$$f_1(t) * f_2(t) \leftrightarrow F_1(\omega) \cdot F_2(\omega),$$

$$f_1(t) \cdot f_2(t) \leftrightarrow \frac{1}{2\pi} F_1(\omega) * F_2(\omega).$$

由卷积定理知,求两个函数的卷积可以转化为相应两个函数的乘积.卷积定理不仅提供了化卷积运算为乘积运算的简单方法,而且还是线性系统分析的一个特别有用的工具.

例 4.16 若 $f_1(t) = A\mathrm{e}^{-\alpha t^2}$, $f_2(t) = B\mathrm{e}^{-\beta t^2}$ $(A, B, \alpha, \beta > 0)$,求 $\mathscr{F}[f_1(t) * f_2(t)]$.

解 记

$$F_1(\omega) = \mathscr{F}[f_1(t)] = \mathscr{F}[A\mathrm{e}^{-\alpha t^2}] = A\sqrt{\frac{\pi}{\alpha}} \mathrm{e}^{-\frac{\omega^2}{4\alpha}},$$

$$F_2(\omega) = \mathscr{F}[f_2(t)] = \mathscr{F}[B\mathrm{e}^{-\beta t^2}] = B\sqrt{\frac{\pi}{\beta}} \mathrm{e}^{-\frac{\omega^2}{4\beta}},$$

由卷积公式得到

$$\mathscr{F}[f_1(t) * f_2(t)] = F_1(\omega) \cdot F_2(\omega) = \frac{\pi AB}{\sqrt{\alpha\beta}} \mathrm{e}^{-\frac{\omega^2(\alpha+\beta)}{4\alpha\beta}}.$$

例 4.17 若 $f(t) = \sin\omega_0 t \cdot u(t)$,求 $\mathscr{F}[f(t)]$.

解一 利用性质,有

$$\mathscr{F}[u(t)\sin\omega_0 t] = \mathscr{F}\left[u(t)\frac{\mathrm{e}^{\mathrm{j}\omega_0 t} - \mathrm{e}^{-\mathrm{j}\omega_0 t}}{2\mathrm{j}}\right] = \frac{1}{2\mathrm{j}}\{\mathscr{F}[u(t)\mathrm{e}^{\mathrm{j}\omega_0 t}] - \mathscr{F}[u(t)\mathrm{e}^{-\mathrm{j}\omega_0 t}]\}$$

$$= \frac{1}{2\mathrm{j}}\left[\frac{1}{\mathrm{j}(\omega-\omega_0)} + \pi\delta(\omega-\omega_0)\right] - \frac{1}{2\mathrm{j}}\left[\frac{1}{\mathrm{j}(\omega+\omega_0)} + \pi\delta(\omega+\omega_0)\right]$$

$$= \frac{1}{2\mathrm{j}}\left[\frac{1}{\mathrm{j}(\omega-\omega_0)} - \frac{1}{\mathrm{j}(\omega+\omega_0)}\right] + \frac{1}{2\mathrm{j}}[\pi\delta(\omega-\omega_0) - \pi\delta(\omega+\omega_0)]$$

$$= \frac{\omega_0}{\omega_0^2 - \omega^2} + \frac{\mathrm{j}\pi}{2}[\delta(\omega+\omega_0) - \delta(\omega-\omega_0)].$$

解二 根据定理 4.2(2),有

$$\mathscr{F}[\sin\omega_0 t \cdot u(t)] = \frac{1}{2\pi}\mathscr{F}[\sin\omega_0 t] * \mathscr{F}[u(t)],$$

已知

$$\mathscr{F}[\sin\omega_0 t] = \mathrm{j}\pi[\delta(\omega+\omega_0) - \delta(\omega-\omega_0)],$$

$$\mathscr{F}[u(t)] = \frac{1}{\mathrm{j}\omega} + \pi\delta(\omega),$$

所以

$$\mathscr{F}[f(t)] = \frac{1}{2\pi}\big[j\pi\delta(\omega+\omega_0) - j\pi\delta(\omega-\omega_0)\big] * \Big[\frac{1}{j\omega} + \pi\delta(\omega)\Big]$$

$$= \frac{1}{2\pi}\int_{-\infty}^{+\infty}\big[j\pi\delta(\tau+\omega_0) - j\pi\delta(\tau-\omega_0)\big] \cdot \Big[\frac{1}{j(\omega-\tau)} + \pi\delta(\omega-\tau)\Big]d\tau$$

$$= \frac{1}{2\pi}\int_{-\infty}^{+\infty}\Big[\frac{\pi\delta(\tau+\omega_0)}{\omega-\tau} - \frac{\pi\delta(\tau-\omega_0)}{\omega-\tau} + j\pi^2\delta(\tau+\omega_0)\delta(\tau-\omega_0)$$

$$- j\pi^2\delta(\tau-\omega_0)\delta(\omega-\tau)\Big]d\tau.$$

根据 $\displaystyle\int_{-\infty}^{+\infty}\delta(t-t_0)f(t)dt = f(t_0)$,得

$$\mathscr{F}[f(t)] = \frac{1}{2\pi}\Big[\frac{\pi}{\omega+\omega_0} - \frac{\pi}{\omega-\omega_0} + j\pi^2\delta(\omega+\omega_0) - j\pi^2\delta(\omega-\omega_0)\Big]$$

$$= \frac{\omega_0}{\omega_0^2-\omega^2} + \frac{j\pi}{2}\big[\delta(\omega+\omega_0) - \delta(\omega-\omega_0)\big].$$

4.3　傅里叶变换的应用

傅里叶变换在振动力学、无线电技术、自动控制理论、数字图像处理等工程技术领域均有较为广泛的应用. 本节讨论几种常见应用.

4.3.1　解积分、微分方程问题

例 4.18　求常系数非齐次线性微分方程

$$\frac{d^2}{dt^2}y(t) - y(t) = -f(t)$$

的解,其中 $f(t)$ 为已知函数.

解　设

$$Y(\omega) = \mathscr{F}[y(t)], \quad F(\omega) = \mathscr{F}[f(t)],$$

在方程两边进行傅里叶变换,由傅里叶变换的线性性质和微分性质,可得

$$(j\omega)^2 Y(\omega) - Y(\omega) = -F(\omega),$$

因此

$$Y(\omega) = \frac{1}{1+\omega^2}F(\omega).$$

在上式两端取傅里叶逆变换,可得

$$y(t) = \frac{1}{2\pi}\int_{-\infty}^{+\infty}\frac{1}{1+\omega^2}F(\omega)e^{j\omega t}d\omega.$$

注意到

$$\mathscr{F}[e^{-|t|}]=\frac{2}{1+\omega^2},$$

故　　　　　　$y(t)=\frac{1}{2}e^{-|t|}*f(t)=\frac{1}{2}\int_{-\infty}^{+\infty}f(\tau)e^{-|t-\tau|}\,d\tau.$

由于 $f(t)$ 已知,若能确定 $f(t)$ 的表达式,则可确定 $y(t)$ 的表达式.

例 4.19　求方程

$$ax'(t)+bx(t)+c\int_{-\infty}^{t}x(t)\,dt=h(t)$$

的解 $x(t)$,其中 $h(t)$ 为已知函数,a,b,c 为常数.

解　设 $H(\omega)=\mathscr{F}[h(t)]$,在方程两边进行傅里叶变换,由傅里叶变换的微分性质和积分性质,可得

$$aj\omega\mathscr{F}[x(t)]+b\mathscr{F}[x(t)]+\frac{c}{j\omega}\mathscr{F}[x(t)]=H(\omega),$$

整理可得

$$\mathscr{F}[x(t)]=\frac{H(\omega)}{aj\omega+b+\dfrac{c}{j\omega}},$$

两边同时取傅里叶逆变换,有

$$x(t)=\mathscr{F}^{-1}\left[\frac{H(\omega)}{aj\omega+b+\dfrac{c}{j\omega}}\right].$$

用傅里叶变换解积分、微分方程,求解方法大致包括以下三个基本步骤:

(1) 对积分、微分方程进行傅里叶变换,得到一个关于像函数的代数方程,常称为像方程;

(2) 解像方程,得像函数;

(3) 对像函数做傅里叶逆变换,得积分微分方程的解.

4.3.2　求解偏微分方程问题

例 4.20　求解一维波动方程的初值问题:

$$\begin{cases}\dfrac{\partial^2 u}{\partial t^2}=\dfrac{\partial^2 u}{\partial x^2}&(x\in\mathbf{R},t>0),\\[2mm]u|_{t=0}=\cos x,\quad \dfrac{\partial u}{\partial t}\Big|_{t=0}=\sin x.\end{cases}$$

解　设 $U(\omega,t)=\mathscr{F}[u(x,t)]$,方程两边同时取傅里叶变换,有

$$\mathscr{F}\left[\frac{\partial^2 u}{\partial x^2}\right] = (\mathrm{j}\omega)^2 U(\omega,t) = -\omega^2 U(\omega,t),$$

$$\mathscr{F}\left[\frac{\partial^2 u}{\partial t^2}\right] = \frac{\partial^2}{\partial t^2}\mathscr{F}[u(x,t)] = \frac{\mathrm{d}^2}{\mathrm{d}t^2}U(\omega,t).$$

已知

$$\mathscr{F}(\cos x) = \pi[\delta(\omega+1) + \delta(\omega-1)],$$

$$\mathscr{F}(\sin x) = \pi\mathrm{j}[\delta(\omega+1) - \delta(\omega-1)],$$

得到等价方程组

$$\begin{cases} \dfrac{\mathrm{d}^2 U}{\mathrm{d}t^2} = -\omega^2 U(\omega,t), \\ U\big|_{t=0} = \mathscr{F}(\cos x)\dfrac{\partial U}{\partial t}\bigg|_{t=0} = \mathscr{F}(\sin x), \end{cases}$$

求得通解为

$$U(\omega,t) = c_1 \sin\omega t + c_2 \cos\omega t.$$

由初始条件可得

$$c_1 = \frac{\pi}{\omega}\mathrm{j}[\delta(\omega+1) - \delta(\omega-1)],$$

$$c_2 = \pi[\delta(\omega+1) + \delta(\omega-1)].$$

对 $U(\omega,t)$ 做傅里叶逆变换,结合 δ-函数的筛选性质,可以得到原方程的解为

$$u(x,t) = \mathscr{F}^{-1}[U(\omega,t)] = \cos(t-x).$$

4.3.3 电路系统求解问题

例 4.21 如图 4-9 所示,其中 L 是电感,R 是电阻,C 是电容,求具有电动势 $f(t)$ 的 LRC 电路的电流.

图 4-9

解 设 $I(t)$ 为电路在 t 时刻的电流,根据基尔霍夫定律,得到方程

$$L\frac{\mathrm{d}I}{\mathrm{d}t} + RI + \frac{1}{C}\int_{-\infty}^{t} I\mathrm{d}t = f(t),$$

两边关于 t 求导,得到

$$L\frac{\mathrm{d}^2 I}{\mathrm{d}t^2} + R\frac{\mathrm{d}I}{\mathrm{d}t} + \frac{I}{C} = f'(t),$$

两边再取傅里叶变换,得到

$$\left[L(\mathrm{j}\omega)^2 + R\mathrm{j}\omega + \frac{1}{C}\right]\mathscr{F}[I(t)] = \mathrm{j}\omega\mathscr{F}[f(t)].$$

因此

$$I(t) = \mathscr{F}^{-1}\left[\frac{\mathrm{j}\omega\mathscr{F}[f(t)]}{-L\omega^2 + R\mathrm{j}\omega + \frac{1}{C}}\right].$$

*4.4　离散傅里叶变换及其性质

　　傅里叶变换对于信号的分析和处理发挥了重要的作用,而随着计算机技术的迅速发展,由于计算机无法处理连续、周期的信号,因此需要一种在时域和频域都离散、非周期的变换对,这就是离散傅里叶变换,简称 DFT. DFT 解决了频域离散化的问题,在信号处理的理论上有重要意义. 本节将介绍离散傅里叶变换及其性质.

4.4.1　离散傅里叶变换的定义

　　实际应用中,信号函数 $f(t)$ 的时间取值一般都是有限区域,即时域是有限的,而由信号实际传输方式可知,$f(t)$ 完全有可能仅在离散的时间点上取值,因此研究离散的变换或编码就极为重要.

　　设 $f(n)(n=0,1,2,\cdots,N-1)$ 为一列离散非周期信号,将其以 N 为周期进行无限延拓,定义成整个整数集 **Z** 上的函数,即设

$$f(n) = f(n\pm N) = f(n\pm 2N) = \cdots,$$

由傅里叶级数的指数形式,可得级数

$$\sum_{n=-\infty}^{+\infty} f(n)\mathrm{e}^{-\mathrm{j}\frac{2\pi k}{N}n},$$

称之为**离散傅里叶级数**. 取其中一段,则为离散傅里叶变换.

　　定义 4.3　设 $f(n)(n=0,1,2,\cdots,N-1)$ 为一列离散非周期时域信号,定义

$$F(k) = \sum_{n=0}^{N-1} f(n)\mathrm{e}^{-\mathrm{j}\frac{2\pi k}{N}n} \tag{4-21}$$

为 $f(n)$ 的**离散傅里叶变换**,记为

$$F(k) = \mathrm{DFT}[f(n)],$$

称之为**频域函数**,其中 $k=0,1,2,\cdots,N-1$.

　　离散傅里叶变换同样存在逆变换.

定义 4.4 设 $F(k)(k=0,1,2,\cdots,N-1)$ 是一列离散非周期频域函数,定义

$$f(n) = \frac{1}{N}\sum_{k=0}^{N-1}F(k)\mathrm{e}^{\mathrm{j}\frac{2\pi n}{N}k} \tag{4-22}$$

为其离散傅里叶逆变换,记为

$$f(n) = \mathrm{IDFT}[F(k)].$$

由此,可以得到离散的傅里叶变换对:

$$F(k) = \sum_{n=0}^{N-1}f(n)\mathrm{e}^{-\mathrm{j}\frac{2\pi k}{N}n},$$

$$f(n) = \frac{1}{N}\sum_{k=0}^{N-1}F(k)\mathrm{e}^{\mathrm{j}\frac{2\pi n}{N}k}.$$

若记 $W_N = \mathrm{e}^{-\mathrm{j}\frac{2\pi}{N}}$,则离散傅里叶变换对又可以简写为

$$F(k) = \sum_{n=0}^{N-1}f(n)W_N^{kn},$$

$$f(n) = \frac{1}{N}\sum_{k=0}^{N-1}F(k)W_N^{-nk}.$$

离散傅里叶变换实际上是离散傅里叶级数的主值. 由于计算机只能处理离散的时间和频率数据,因此,从数字计算的角度而言,DFT 是傅里叶变换中更重要的一种方法.

例 4.22 求下列信号序列 $f(n)$ 分别对应的 $\mathrm{DFT}[f(n)]$:

$$\{1,0\}, \quad \{1,0,0,0\}.$$

解 对序列 $\{1,0\}$,有

$$F(0) = \sum_{n=0}^{1}f(n)\mathrm{e}^{-\mathrm{j}\frac{2\pi\times 0}{2}n} = 1 \cdot \mathrm{e}^{-\mathrm{j}\cdot 0} + 0 \cdot \mathrm{e}^{-\mathrm{j}\cdot 0} = 1,$$

$$F(1) = \sum_{n=0}^{1}f(n)\mathrm{e}^{-\mathrm{j}\frac{2\pi\times 1}{2}n} = 1 \cdot \mathrm{e}^{-\mathrm{j}\cdot 0} + 0 \cdot \mathrm{e}^{-\mathrm{j}\cdot\pi} = 1,$$

即

$$\{F(0),F(1)\} = \{1,1\}.$$

同理可得

$$\mathrm{DFT}[\{1,0,0,0\}]$$

$$= \left\{\sum_{n=0}^{3}f(n)\mathrm{e}^{-\mathrm{j}\frac{2\pi\cdot 0}{4}n}, \sum_{n=0}^{3}f(n)\mathrm{e}^{-\mathrm{j}\frac{2\pi\cdot 1}{4}n}, \sum_{n=0}^{3}f(n)\mathrm{e}^{-\mathrm{j}\frac{2\pi\cdot 2}{4}n}, \sum_{n=0}^{3}f(n)\mathrm{e}^{-\mathrm{j}\frac{2\pi\cdot 3}{4}n}\right\}$$

$$= \{1,1,1,1\}.$$

4.4.2 离散傅里叶变换的基本性质

设 $F(k) = \mathrm{DFT}[f(n)]$,$F_1(k) = \mathrm{DFT}[f_1(n)]$,$F_2(k) = \mathrm{DFT}[f_2(n)]$.

1. 线性性质

$$\mathrm{DFT}[\alpha f_1(n) \pm \beta f_2(n)] = \alpha F_1(k) \pm \beta F_2(k) \quad (\alpha, \beta \text{为任意常数}).$$

2. 反转性质

$$F(-k) = \mathrm{DFT}[f(-n)].$$

3. 位移性质

$$\mathrm{DFT}[f(n-n_0)] = F(k) \cdot \mathrm{e}^{-\mathrm{j}\frac{2\pi k}{N}n_0},$$

$$\mathrm{IDFT}[F(k-k_0)] = f(n) \cdot \mathrm{e}^{-\mathrm{j}\frac{2\pi n}{N}k_0}.$$

4. 对称性质

$$F(k) = \overline{F(N-k)} = F(N-k).$$

这里 $f(n)$ 是一个长度为 N 的实序列. 对称性质表明:实序列的 DFT 的模是偶对称序列,辐角是奇对称序列. 复序列也有相应的共轭对称性.

例 4.23 利用位移性质,计算 $\mathrm{DFT}[\{0,1,0,0\}]$,$\mathrm{DFT}[\{0,0,1,0\}]$.

解 由定义可知

$$\mathrm{DFT}[\{1,0,0,0\}] = \{1,1,1,1\},$$

所以

$$F(0) = \mathrm{e}^{-\mathrm{j}\frac{2\pi \cdot 0}{4}} \cdot 1 = 1,$$

$$F(1) = \mathrm{e}^{-\mathrm{j}\frac{2\pi \cdot 1}{4}} \cdot 1 = -\mathrm{j},$$

$$F(2) = \mathrm{e}^{-\mathrm{j}\frac{2\pi \cdot 2}{4}} \cdot 1 = -1,$$

$$F(3) = \mathrm{e}^{-\mathrm{j}\frac{2\pi \cdot 3}{4}} \cdot 1 = \mathrm{j},$$

故

$$\mathrm{DFT}[\{0,1,0,0\}] = \{1,-\mathrm{j},-1,\mathrm{j}\}.$$

同理,可得

$$\mathrm{DFT}[\{0,0,1,0\}] = \{1,-1,1,-1\}.$$

对于 DFT,也可以定义卷积.

5. 卷积的性质

设 $f_1(n)$ 和 $f_2(n)$ 是两列时域相同的离散信号,其 DFT 分别为 $F_1(k)$ 和 $F_2(k)$,则

$$\mathrm{DFT}[f_1(n) \cdot f_2(n)] = \frac{1}{N} F_1(k) * F_2(k),$$

$$\mathrm{DFT}[f_1(n) * f_2(n)] = F_1(k) F_2(k).$$

这里 $f_1(n) * f_2(n)$ 为 $f_1(n)$ 和 $f_2(n)$ 的卷积,即

$$f_1(n) * f_2(n) = \sum_{n'=0}^{N-1} f_1(n') f_2(n-n').$$

类似地,

$$F_1(k) * F_2(k) = \sum_{k'=0}^{N-1} F_1(k') F_2(k-k').$$

例 4.24 设
$$f_1(n)=\{1,0,1,0\},f_2(n)=\{1,1,0,0\},$$
求 $f_1(n)*f_2(n)$ 及其 DFT.

解 根据卷积定义,有
$$f_1(n)*f_2(n)=\sum_{n'=0}^{3}f_1(n')f_2(n-n'),$$
于是
$$f_1(0)*f_2(0)=\sum_{n'=0}^{3}f_1(n')f_2(0-n')=f_1(0)f_2(0)=1.$$
同理,可以求得 $\quad f_1(n)*f_2(n)=\{1,1,1,1\},$
因此 $\quad \mathrm{DFT}[f_1(n)*f_2(n)]=\{4,0,0,0\}.$

例 题 解 析

例 4.25 求函数
$$f(t)=\begin{cases}1-t^2, & t^2\leqslant1\\ 0, & t^2>1\end{cases}$$
的傅里叶积分.

【分析】 在傅里叶积分定理的条件下,有重要的傅里叶积分公式:
$$f(t)=\frac{1}{2\pi}\int_{-\infty}^{+\infty}\left[\int_{-\infty}^{+\infty}f(\tau)\mathrm{e}^{-\mathrm{j}\omega\tau}\mathrm{d}\tau\right]\mathrm{e}^{\mathrm{j}\omega t}\mathrm{d}\omega.$$

在间断点 t 处,$f(t)$ 应该用 $\frac{1}{2}[f(t+0)+f(t-0)]$ 来代替.

(i) 若 $f(t)$ 为奇函数,则有(正弦傅里叶积分公式)
$$f(t)=\frac{2}{\pi}\int_{0}^{+\infty}\left[\int_{0}^{+\infty}f(\tau)\sin\omega\tau\mathrm{d}\tau\right]\sin\omega t\mathrm{d}\omega.$$

(ii) 若 $f(t)$ 为偶函数,则有(余弦傅里叶积分公式)
$$f(t)=\frac{2}{\pi}\int_{0}^{+\infty}\left[\int_{0}^{+\infty}f(\tau)\cos\omega\tau\mathrm{d}\tau\right]\cos\omega t\mathrm{d}\omega.$$

解 $f(t)$ 为偶函数,由余弦傅里叶积分公式可得
$$f(t)=\frac{2}{\pi}\int_{0}^{+\infty}\left[\int_{0}^{+\infty}f(\tau)\cos\omega\tau\mathrm{d}\tau\right]\cos\omega t\mathrm{d}\omega.$$
$$\int_{0}^{+\infty}f(\tau)\cos\omega\tau\mathrm{d}\tau=\int_{0}^{1}(1-\tau^2)\cos\omega\tau\mathrm{d}\tau=\int_{0}^{1}(1-\tau^2)\frac{\mathrm{d}\sin\omega\tau}{\omega}$$
$$=(1-\tau^2)\frac{\sin\omega\tau}{\omega}\bigg|_{\tau=0}^{\tau=1}-\int_{0}^{1}\frac{\sin\omega\tau}{\omega}(-2\tau)\mathrm{d}\tau$$

$$= \int_0^1 \frac{2\tau\sin\omega\tau}{\omega} \mathrm{d}\tau = \int_0^1 \frac{2\tau}{\omega^2}(-1)\mathrm{d}\cos\omega\tau$$

$$= \frac{-2\tau\cos\omega\tau}{\omega^2}\bigg|_{\tau=0}^{\tau=1} + \int_0^1 \frac{2\cos\omega\tau}{\omega^2}\mathrm{d}\tau$$

$$= \frac{-2\cos\omega}{\omega^2} + \frac{2\sin\omega\tau}{\omega^3}\bigg|_{\tau=0}^{\tau=1} = \frac{2\sin\omega}{\omega^3} - \frac{2\cos\omega}{\omega^2}$$

$$= \frac{2(\sin\omega - \omega\cos\omega)}{\omega^3}.$$

所以,

$$f(t) = \frac{4}{\pi}\int_0^{+\infty} \frac{\sin\omega - \omega\cos\omega}{\omega^3}\mathrm{d}\omega.$$

例 4.26 设 $\mathscr{F}[f(t)]=F(\omega)$,试证明:

(i) $\mathscr{F}[f(t)\cos\omega_0 t] = \frac{1}{2}[F(\omega-\omega_0)+F(\omega+\omega_0)]$;

(ii) $\mathscr{F}[f(t)\sin\omega_0 t] = \frac{1}{2\mathrm{j}}[F(\omega-\omega_0)-F(\omega+\omega_0)]$.

证明一 由欧拉公式

$$\mathscr{F}[f(at-t_0)] = \int_{-\infty}^{+\infty} f(at-t_0)\mathrm{e}^{-\mathrm{j}\omega t}\mathrm{d}t,$$

作积分变量代换 $x=at-t_0$ 可知,当 $a>0$ 时,

$$\mathscr{F}[f(at-t_0)] = \int_{-\infty}^{+\infty} f(x)\mathrm{e}^{-\mathrm{j}\omega\frac{x+t_0}{a}}\frac{\mathrm{d}x}{a} = \frac{\mathrm{e}^{\frac{-\mathrm{j}\omega t_0}{a}}}{a}\int_{-\infty}^{+\infty} f(x)\mathrm{e}^{-\mathrm{j}\frac{\omega}{a}x}\mathrm{d}x$$

$$= \frac{1}{a}F\left(\frac{\omega}{a}\right)\mathrm{e}^{-\mathrm{j}\frac{\omega}{a}t_0}.$$

当 $a<0$ 时,

$$\mathscr{F}[f(at-t_0)] = \int_{+\infty}^{-\infty} f(x)\mathrm{e}^{-\mathrm{j}\omega\frac{x+t_0}{a}}\frac{\mathrm{d}x}{a} = -\frac{\mathrm{e}^{\frac{-\mathrm{j}\omega t_0}{a}}}{a}\int_{-\infty}^{+\infty} f(x)\mathrm{e}^{-\mathrm{j}\frac{\omega}{a}x}\mathrm{d}x$$

$$= -\frac{1}{a}F\left(\frac{\omega}{a}\right)\mathrm{e}^{-\mathrm{j}\frac{\omega}{a}t_0}.$$

综上所述, $\mathscr{F}[f(at-t_0)] = \frac{1}{|a|}F\left(\frac{\omega}{a}\right)\mathrm{e}^{-\mathrm{j}\frac{\omega}{a}t_0}$;

(ii)与(i)类似,只需作变量代换 $x=t_0-at$,余下类似.

注 上述结论(i)隐含着傅里叶变换的位移性质($a=1$)及相似性质($t_0=0$),而结论(ii)隐含着傅里叶变换的翻转性质($a=1,t_0=0$).

证明二 用性质证明.

令 $f_1(t) = f(t-t_0)$,由相似性质得

$$\mathscr{F}[f(at-t_0)] = \mathscr{F}[f_1(at)] = \frac{1}{|a|} F_1\left(\frac{\omega}{a}\right),$$

其中,由位移性质得

$$F_1(\omega) = \mathscr{F}[f_1(t)] = \mathscr{F}[f(t-t_0)] = F(\omega)\mathrm{e}^{-\mathrm{j}\omega t_0},$$

故　　　　　　　$$\mathscr{F}[f(at-t_0)] = \frac{1}{|a|} F\left(\frac{\omega}{a}\right)\mathrm{e}^{-\mathrm{j}\frac{\omega}{a}t_0}.$$

也可以先令 $g(t) = f(at)$,用位移性质得

$$\mathscr{F}[f(at-t_0)] = \mathscr{F}\left[g\left(t-\frac{t_0}{a}\right)\right] = G(\omega)\mathrm{e}^{-\mathrm{j}\frac{\omega}{a}t_0},$$

其中 $G(\omega) = \mathscr{F}[g(t)]$.再由相似性质

$$G(\omega) = \mathscr{F}[g(t)] = \mathscr{F}[f(at)] = \frac{1}{|a|} F\left(\frac{\omega}{a}\right),$$

从而得出　　　　　$$\mathscr{F}[f(at-t_0)] = \frac{1}{|a|} F\left(\frac{\omega}{a}\right)\mathrm{e}^{-\mathrm{j}\frac{\omega}{a}t_0}.$$

(ii) 在结论(i)中取 a, t_0 分别为 $-a, -t_0$,即得结论(ii).

例 4.27　求函数 $F(\omega) = \dfrac{\sin\omega}{\omega}$ 的傅里叶逆变换.

解　由　$$\mathscr{F}^{-1}\left(\frac{\sin\omega}{\omega}\right) = \frac{1}{2\pi}\int_{-\infty}^{+\infty} F(\omega)\mathrm{e}^{\mathrm{j}\omega t}\mathrm{d}\omega = \frac{1}{2\pi}\int_{-\infty}^{+\infty}\frac{\sin\omega}{\omega}\mathrm{e}^{\mathrm{j}\omega t}\mathrm{d}\omega$$

$$= \frac{1}{2\pi}\int_{-\infty}^{+\infty}\frac{\sin\omega}{\omega}(\cos\omega t + \mathrm{j}\sin\omega t)\mathrm{d}\omega$$

$$= \frac{1}{2\pi}\int_{-\infty}^{+\infty}\frac{\sin\omega}{\omega}\cos\omega t\,\mathrm{d}\omega + \frac{1}{2\pi}\int_{-\infty}^{+\infty}\frac{\sin\omega}{\omega}\mathrm{j}\sin\omega t\,\mathrm{d}\omega$$

$$= \frac{1}{\pi}\int_0^{+\infty}\frac{\sin\omega}{\omega}\cos\omega t\,\mathrm{d}\omega + 0 = \frac{1}{\pi}\int_0^{+\infty}\frac{\sin\omega}{\omega}\cos\omega t\,\mathrm{d}\omega.$$

由于　　　　$$\sin\omega\cos\omega t = \frac{1}{2}[\sin(1+t)\omega + \sin(1-t)\omega],$$

故有　　　$$\mathscr{F}^{-1}\left(\frac{\sin\omega}{\omega}\right) = \frac{1}{\pi}\int_0^{+\infty}\frac{\sin\omega\cos\omega t}{\omega}\mathrm{d}\omega$$

$$= \frac{1}{2\pi}\int_0^{+\infty}\frac{\sin(1+t)\omega}{\omega}\mathrm{d}\omega + \frac{1}{2\pi}\int_0^{+\infty}\frac{\sin(1-t)\omega}{\omega}\mathrm{d}\omega.$$

根据单位阶跃函数 $\mu(t)$ 的傅里叶积分表达式,得到

$$\frac{1}{\pi}\int_0^{+\infty}\frac{\sin\omega t}{\omega}\mathrm{d}\omega = \mu(t) - \frac{1}{2} \quad (t \neq 0),$$

由此可得

$$\frac{1}{\pi}\int_0^{+\infty}\frac{\sin(1+t)\omega}{\omega}\mathrm{d}\omega=\mu(1+t)-\frac{1}{2}\quad(t\neq-1),$$

$$\frac{1}{\pi}\int_0^{+\infty}\frac{\sin(1-t)\omega}{\omega}\mathrm{d}\omega=\mu(1-t)-\frac{1}{2}\quad(t\neq-1),$$

故　　　　　$$\mathscr{F}^{-1}\left(\frac{\sin\omega}{\omega}\right)=\frac{1}{2}\left[\mu(1+t)+\mu(1-t)-1\right]\quad(t\neq1).$$

当 $t=\pm1$ 时,

$$\mathscr{F}^{-1}\left(\frac{\sin\omega}{\omega}\right)=\frac{1}{2}\left[f(t+0)+f(t-0)\right]=\frac{1}{4}.$$

综上所述,

$$\mathscr{F}^{-1}\left(\frac{\sin\omega}{\omega}\right)=\begin{cases}\dfrac{1}{2}\left[\mu(1+t)+\mu(1-t)-1\right],&|t|\neq1,\\[3mm]\dfrac{1}{4},&|t|=1.\end{cases}$$

例 4.28　若 $f_1(t)=\begin{cases}0,&t<0\\\mathrm{e}^{-t},&t\geqslant0\end{cases}$ 与 $f_2(t)=\begin{cases}\sin t,&0\leqslant t\leqslant\dfrac{\pi}{2},\\0,&\text{其他},\end{cases}$ 求 $f_1(t)*f_2(t)$.

解　　　　$$f_1(t)*f_2(t)=\int_{-\infty}^{+\infty}f_1(\tau)f_2(t-\tau)\mathrm{d}\tau,$$

被积函数 $f_1(\tau)f_2(t-\tau)$ 仅在 $\begin{cases}\tau\geqslant0\\0\leqslant t-\tau\leqslant\dfrac{\pi}{2}\end{cases}$ 时才不为 0,其表示的范围如图

4-10 所示.

图 4-10

所以当 $t<0$ 时,$f_1(t)*f_2(t)=0$;

当 $0<t\leqslant\dfrac{\pi}{2}$ 时,

$$f_1(t)*f_2(t)=\int_0^t f_1(\tau)f_2(t-\tau)\mathrm{d}\tau=\int_0^t\mathrm{e}^{-\tau}\sin(t-\tau)\mathrm{d}\tau$$

$$=\int_0^t\mathrm{e}^{\frac{1}{2j}}\left[\mathrm{e}^{jt}\cdot\mathrm{e}^{(-1-j)\tau}-\mathrm{e}^{-jt}\cdot\mathrm{e}^{(-1+j)\tau}\right]\mathrm{d}\tau$$

$$= \frac{1}{2j} \left[e^{jt} \cdot \frac{e^{(-1-j)\tau}}{-1-j} - e^{-jt} \cdot \frac{e^{(-1+j)\tau}}{-1+j} \right]_{\tau=0}^{\tau=t}$$

$$= \frac{1}{2j} \left(\frac{e^{-t} - e^{jt}}{-1-j} - \frac{e^{-t} - e^{-jt}}{-1+j} \right)$$

$$= \frac{1}{2j} \left[e^{-t} \left(\frac{1}{-1-j} - \frac{1}{-1+j} \right) + \frac{e^{jt}}{-1+j} + \frac{e^{jt}}{1+j} \right]$$

$$= \frac{1}{2} (e^{-t} + \sin t - \cos t);$$

当 $t \geqslant \dfrac{\pi}{2}$ 时，

$$f_1(t) * f_2(t) = \int_{t-\frac{\pi}{2}}^{t} f_1(\tau) f_2(t-\tau) d\tau = \int_{t-\frac{\pi}{2}}^{t} e^{-\tau} \sin(t-\tau) d\tau$$

$$= \frac{1}{2j} \left[e^{jt} \cdot \frac{e^{(-1-j)\tau}}{-1-j} - e^{-jt} \cdot \frac{e^{(-1+j)\tau}}{-1+j} \right]_{\tau=t-\frac{\pi}{2}}^{\tau=t}$$

$$= \frac{1}{2j} \left[e^{-t} \left(\frac{1 - e^{\frac{1+j}{2}\pi}}{-1-j} \right) - e^{-t} \left(\frac{1 - e^{\frac{1-j}{2}\pi}}{-1+j} \right) \right]$$

$$= \frac{1}{2} \left(1 + \frac{\pi}{2} e \right) e^{-t}.$$

综上所述，

$$f_1(t) * f_2(t) = \begin{cases} 0, & t < 0, \\ \dfrac{1}{2}(e^{-t} + \sin t - \cos t), & 0 \leqslant t \leqslant \dfrac{\pi}{2}, \\ \dfrac{1}{2} \left(1 + \dfrac{\pi}{2} e \right) e^{-t}, & t \geqslant \dfrac{\pi}{2}. \end{cases}$$

读者也可以用卷积的性质来求这个卷积.

例 4.29　求积分方程 $\displaystyle\int_{-\infty}^{+\infty} \frac{y(\tau)}{(t-\tau)^2 + 1} d\tau = \frac{1}{t^2 + 4}$ 的解 $y(t)$.

解　不难看出，方程的左端是未知函数 $y(t)$ 与 $\dfrac{1}{t^2+1}$ 的卷积，即 $y(t) * \dfrac{1}{t^2+1}$，对方程两边取傅里叶积分，并取 $\mathscr{F}[y(t)] = Y(\omega)$，可得

$$\mathscr{F}\left[y(t) * \frac{1}{t^2+1} \right] = \mathscr{F}\left[\frac{1}{t^2+4} \right] \quad (卷积公式),$$

$$\mathscr{F}[y(t)] \mathscr{F}\left[\frac{1}{t^2+1} \right] = \mathscr{F}\left[\frac{1}{t^2+4} \right],$$

即

$$Y(\omega) = \frac{\mathscr{F}\left[\dfrac{1}{t^2+4} \right]}{\mathscr{F}\left[\dfrac{1}{t^2+1} \right]},$$

其中
$$\mathscr{F}\left[\frac{1}{t^2+1}\right]=\int_{-\infty}^{+\infty}\frac{1}{t^2+1}\mathrm{e}^{-\mathrm{j}\omega t}\,\mathrm{d}t.$$

下面利用留数定理求上式右边的积分：

当 $\omega>0$ 时，$\displaystyle\int_{-\infty}^{+\infty}\frac{1}{t^2+1}\mathrm{e}^{-\mathrm{j}\omega t}\,\mathrm{d}t=\int_{-\infty}^{+\infty}\frac{1}{x^2+1}\mathrm{e}^{\mathrm{j}\omega t}\,\mathrm{d}x$

$$=2\pi\mathrm{j}\mathrm{Res}\left[\frac{1}{z^2+1}\mathrm{e}^{\mathrm{j}\omega z},a\mathrm{j}\right]=\pi\mathrm{e}^{-\omega};$$

当 $\omega<0$ 时，$\displaystyle\int_{-\infty}^{+\infty}\frac{1}{t^2+1}\mathrm{e}^{-\mathrm{j}\omega t}\,\mathrm{d}t=\int_{-\infty}^{+\infty}\frac{1}{t^2+1}\mathrm{e}^{\mathrm{j}(-\omega)t}\,\mathrm{d}t$

$$=2\pi\mathrm{j}\mathrm{Res}\left[\frac{1}{z^2+1}\mathrm{e}^{\mathrm{j}(-\omega)t},a\mathrm{j}\right]=\pi\mathrm{e}^{\omega}.$$

即
$$\mathscr{F}\left[\frac{1}{t^2+1}\right]=\pi\mathrm{e}^{-|\omega|},$$

同理,可得
$$\mathscr{F}\left[\frac{1}{t^2+4}\right]=\frac{\pi}{2}\mathrm{e}^{-2|\omega|}.$$

所以
$$Y(\omega)=\frac{\mathscr{F}\left[\dfrac{1}{t^2+4}\right]}{\mathscr{F}\left[\dfrac{1}{t^2+1}\right]}=\frac{\dfrac{\pi}{2}\mathrm{e}^{-2|\omega|}}{\pi\mathrm{e}^{-|\omega|}}=\frac{1}{2}\mathrm{e}^{-|\omega|}.$$

再由傅里叶逆变换可得

$$y(t)=\mathscr{F}^{-1}\left[Y(\omega)\right]=\frac{1}{2}\mathscr{F}^{-1}\left[\mathrm{e}^{-|\omega|}\right],$$

可知 $\displaystyle y(t)=\frac{1}{2}\frac{1}{2\pi}\int_{-\infty}^{+\infty}\mathrm{e}^{-|\omega|}\mathrm{e}^{\mathrm{j}\omega t}\,\mathrm{d}\omega=\frac{1}{4\pi}\left[\int_{-\infty}^{0}\mathrm{e}^{(1+\mathrm{j}t)\omega}\,\mathrm{d}\omega+\int_{0}^{+\infty}\mathrm{e}^{(-1+\mathrm{j}t)\omega}\,\mathrm{d}\omega\right]$

$$=\frac{1}{4\pi}\left[\left.\frac{\mathrm{e}^{(1+\mathrm{j}t)\omega}}{1+\mathrm{j}t}\right|_{-\infty}^{0}+\left.\frac{\mathrm{e}^{(-1+\mathrm{j}t)\omega}}{-1+\mathrm{j}t}\right|_{0}^{+\infty}\right]=\frac{1}{4\pi}\left(\frac{1}{1+\mathrm{j}t}-\frac{1}{-1+\mathrm{j}t}\right)$$

$$=\frac{1}{2\pi(t^2+1)},$$

故所给积分方程的解为

$$y(t)=\frac{1}{2\pi(t^2+1)}.$$

本 章 小 结

本章从周期函数的傅里叶级数出发,导出非周期函数的傅里叶积分公式,并由此得到傅里叶变换,进而讨论了傅里叶变换的一些基本性质及应用.从分析角度看,傅里叶级数是用简单函数去逼近或代替复杂函数;从几何观点看,它是以一簇正交函数为基向量,将函数空间进行正交分解,相应的系数即为坐标;从变换角度看,它建立了周期函数与序列之间的对应关系;从物理意义上看,它将信号分解为一系列简谐波的复合,从而建立了频谱理论.

傅里叶变换是傅里叶级数由周期函数向非周期函数的演变,它通过特定形式的积分建立了函数之间的对应关系. 它既能从频谱的角度来描述函数(或信号)的特征,又能简化运算,方便问题的求解. 需要指出的是,本章所讨论的傅里叶变换均是针对实值函数的,而傅里叶变换对于复值函数也是成立的.

随着信息数字化的发展,在傅里叶变换之后,又出现了用于处理离散时间函数的离散傅里叶变换及有限离散傅里叶变换(DFT),使得傅里叶变换在数字领域也同样发挥着巨大的作用.

本章学习的基本要求:

一、傅里叶积分定理、傅里叶变换及其逆变换的概念

1. 傅里叶积分定理

若函数 $f(t)$ 在区间 $(-\infty, +\infty)$ 上任一有限区间满足狄利克雷条件,且在 $(-\infty, +\infty)$ 上绝对可积(即定积分 $\int_{-\infty}^{+\infty} |f(x)| \, dx$ 收敛),则

$$f(t) = \frac{1}{2\pi} \int_{-\infty}^{+\infty} \left[\int_{-\infty}^{+\infty} f(\tau) e^{-j\omega\tau} \, d\tau \right] e^{j\omega t} \, d\omega$$

成立,在 $f(t)$ 的间断点处,等式左端应为 $\frac{1}{2}[f(t+0) + f(t-0)]$.

2. 傅里叶变换及其逆变换

令 $F(\omega) = \mathscr{F}[f(t)] = \int_{-\infty}^{+\infty} f(t) e^{-j\omega t} \, dt$,称其为函数 $f(t)$ 的**傅里叶变换**;

令 $f(t) = \mathscr{F}^{-1}[F(\omega)] = \frac{1}{2\pi} \int_{-\infty}^{+\infty} F(\omega) e^{j\omega t} \, d\omega$,称其为 $F(\omega)$ 的**傅里叶逆变换**.

$F(\omega)$ 叫作 $f(t)$ 的**像函数**, $f(t)$ 叫作 $F(\omega)$ 的**像原函数**,像函数 $F(\omega)$ 与像原函数 $f(t)$ 构成一个**傅里叶变换对**,它们可以互相表达.

3. 单位脉冲函数 $\delta(t)$ 及其性质

单位脉冲函数 $\delta(t)$ 是指满足下面两个条件的广义函数:

(1) $\delta(t) = \begin{cases} 0, & t \neq 0 \\ \infty, & t = 0 \end{cases}$; (2) $\int_{-\infty}^{+\infty} \delta(t) dt = 1$.

注意 δ-函数不是经典意义下的函数,而是一个广义函数,它有一个重要的性质——**筛选性质**,即若 $f(t)$ 是定义在实数域 **R** 上的有界函数,且在点 $t = 0$ 处

连续,则

$$\int_{-\infty}^{+\infty} f(t)\delta(t)\mathrm{d}t = f(0),$$

一般地,$\int_{-\infty}^{+\infty} f(t)\delta(t-t_0)\mathrm{d}t = f(t_0).$

4. 一些常见函数的傅里叶变换

(1) 单边指数衰减信号 $f(t) = \begin{cases} 0, & t<0 \\ \mathrm{e}^{-\beta t}, & t\geqslant 0 \end{cases}$ $(\beta>0)$,傅里叶变换为 $F(\omega)$

$=\dfrac{1}{\beta+\mathrm{j}\omega}.$

(2) 钟形脉冲函数 $f(t) = E\mathrm{e}^{-\beta t^2}$ 的傅里叶变换为 $F(\omega) = \sqrt{\dfrac{\pi}{\beta}}E\mathrm{e}^{-\frac{\omega^2}{4\beta}}.$

(3) 单位阶跃函数 $u(t) = \begin{cases} 0, & t<0 \\ 1, & t>0 \end{cases}$ 的傅里叶变换为 $\dfrac{1}{\mathrm{j}\omega}+\pi\delta(\omega).$

(4) 单位脉冲函数 $\delta(t)$ 与常数 1 构成一个傅里叶变换对,$\delta(t-t_0)$ 与 $\mathrm{e}^{-\mathrm{j}\omega t_0}$ 也构成了一个傅里叶变换对.

(5) 正弦函数 $f(t) = \sin\omega_0 t$ 的傅里叶变换

$$\mathscr{F}[\sin\omega_0 t] = \mathrm{j}\pi[\delta(\omega+\omega_0)-\delta(\omega-\omega_0)].$$

(6) 余弦函数 $\mathscr{F}[\cos\omega_0 t] = \pi[\delta(\omega-\omega_0)+\delta(\omega+\omega_0)].$

二、傅里叶变换的性质

1. 线性性质

设 $F_1(\omega) = \mathscr{F}[f_1(t)]$,$F_2(\omega) = \mathscr{F}[f_2(t)]$,$\alpha,\beta$ 是常数,则

$$\mathscr{F}[\alpha f_1(t)+\beta f_2(t)] = \alpha F_1(\omega)+\beta F_2(\omega),$$

即 $\qquad \mathscr{F}^{-1}[\alpha F_1(\omega)+\beta F_2(\omega)] = \alpha f_1(t)+\beta f_2(t).$

2. 位移性质

设 $F(\omega) = \mathscr{F}[f(t)]$,$t_0$ 为实数,则 $\mathscr{F}[f(t\pm t_0)] = \mathrm{e}^{\pm\mathrm{j}\omega t_0}F(\omega)$,即

$$\mathscr{F}^{-1}[\mathrm{e}^{\pm\mathrm{j}\omega t_0}F(\omega)] = f(t\pm t_0).$$

3. 对称性质

若 $\mathscr{F}[f(t)] = F(\omega)$,则 $\mathscr{F}[F(t)] = 2\pi f(-\omega).$

4. 微分性质

如果 $f(t)$ 在 $(-\infty,+\infty)$ 上连续或只有有限个可去间断点,且当 $|t| \to +\infty$ 时,$f(t)\to 0$,则 $\mathscr{F}[f'(t)] = \mathrm{j}\omega\mathscr{F}[f(t)].$

推论　如果 $f^{(k)}(t)(k=1,2,\cdots,n)$ 在 **R** 上连续或只有有限个可去间断点,且

当 $|t| \to +\infty$ 时，$f^{(k)}(t) \to 0 (k=1,2,\cdots,n-1)$，则

$$\mathscr{F}[f^{(n)}(t)] = (\mathrm{j}\omega)^n \mathscr{F}[f(t)].$$

像函数的导数公式：$\dfrac{\mathrm{d}^n}{\mathrm{d}\omega^n} F(\omega) = (-\mathrm{j})^n \mathscr{F}[t^n f(t)]$.

5. 积分性质

如果当 $t \to +\infty$ 时，$g(t) = \displaystyle\int_{-\infty}^{t} f(t)\mathrm{d}t \to 0$，则 $\mathscr{F}\left[\displaystyle\int_{-\infty}^{t} f(t)\mathrm{d}t\right] = \dfrac{1}{\mathrm{j}\omega}\mathscr{F}[f(t)]$.

6. 卷积与卷积定理

(1) 卷积：已知函数 $f_1(t)$，$f_2(t)$，则积分 $\displaystyle\int_{-\infty}^{+\infty} f_1(\tau)f_2(t-\tau)\mathrm{d}\tau$ 称为函数 $f_1(t)$ 与 $f_2(t)$ 的卷积，记为 $f_1(t) * f_2(t)$. 即

$$f_1(t) * f_2(t) = \int_{-\infty}^{+\infty} f_1(\tau)f_2(t-\tau)\mathrm{d}\tau.$$

(2) 卷积定理：若 $F_1(\omega)=\mathscr{F}[f_1(t)]$，$F_2(\omega)=\mathscr{F}[f_2(t)]$，则

① $\mathscr{F}[f_1(t) * f_2(t)] = F_1(\omega) \cdot F_2(\omega)$；

② $\mathscr{F}^{-1}[F_1(\omega) \cdot F_2(\omega)] = f_1(t) * f_2(t)$；

③ $\mathscr{F}[f_1(t) \cdot f_2(t)] = \dfrac{1}{2\pi} F_1(\omega) * F_2(\omega)$.

三、傅里叶变换的应用

傅里叶变换具有广泛应用，要理解并掌握用傅里叶变换解积分、微分方程问题，求偏微分方程问题以及电路系统求解问题. 在求解过程中，注意结合傅里叶变换的性质简化运算.

四、离散傅里叶变换及其逆变换

1. 离散傅里叶变换

设 $f(n)(n=0,1,2,\cdots,N-1)$ 为一列离散非周期时域信号，定义

$$F(k) = \sum_{n=0}^{N-1} f(n)\mathrm{e}^{-\mathrm{j}\frac{2\pi k}{N}n}$$

为 $f(n)$ 的离散傅里叶变换，记为 $F(k)=\mathrm{DFT}[f(n)]$.

2. 离散傅里叶逆变换

设 $F(k)(k=0,1,2,\cdots,N-1)$ 是一列离散非周期频域函数，定义

$$f(n) = \frac{1}{N} \sum_{k=0}^{N-1} F(k)\mathrm{e}^{\mathrm{j}\frac{2\pi n}{N}k}$$

为其离散傅里叶逆变换，记为 $f(n)=\mathrm{IDFT}[F(k)]$.

数学家简介——傅里叶

让·巴普蒂斯·约瑟夫·傅里叶(Jean Baptiste Joseph Fourier,1768—1830),法国著名数学家、物理学家,1817 年当选为法兰西科学院院士,1822 年任该院终身秘书,后又任法兰西学院终身秘书.主要贡献是在研究热的传播时创立了一套数学理论.

他出生于法国中部欧塞尔的一个裁缝家庭,9 岁时沦为孤儿,12 岁由教会送入地方军校读书,1795 年到巴黎,成为高等师范学校的首批学员,崭露出数学才华,次年到巴黎综合工科大学任助教,协助拉格朗日等人从事数学教学.1798 年,他随拿破仑军队远征埃及,受到拿破仑器重,回国后被任命为格伦诺布尔省省长.1815 年,傅里叶辞去爵位和官职,毅然回到巴黎投入军校研究,1817 年就职于科学院,1822 年任该院秘书,并被英国皇家学会选为外国会员.

傅里叶早在 1807 年就写成关于热传导的基本论文《热的传播》,推导出了三维热传导方程

$$\frac{\partial^2 v}{\partial x^2}+\frac{\partial^2 v}{\partial y^2}+\frac{\partial^2 v}{\partial z^2}=R\,\frac{\partial v}{\partial t},$$

并在求解该方程时发现解函数可以由三角函数构成的级数形式表示,从而作出了惊人的数学推断:任一函数都可以展成三角函数的无穷级数.由于缺乏理论证明,审查委员会鼓励他将结论严密化.1811 年,他又提交了经修改的论文《热在固体中的运动理论》,该文中增加了对无界区域热传导的分析,引出了现在所称的"傅里叶积分".但论文仍受到缺乏严密性的批评而未能在科学院的《报告》中发表.1822 年,傅里叶终于出版了专著《热的分析理论》.他在该书中解决了热在非均匀加热的固体中的分布传导问题,成为分析学在物理中应用的最早例证之一,对 19 世纪数学和理论物理学的发展产生了深远的影响.

在《热的分析理论》这部经典著作里,傅里叶开创性地提出了应用三角函数求解热传导方程,以及处理无穷区域的热传导问题,又推导出了现在所称的"傅里叶积分".这不仅推动了偏微分理论的发展,而且改变了数学家们对函数概念的一种传统有限的认识,特别是引起了对不连续函数的探讨,三角级数收敛性问题更刺激了集合论的诞生.因此,《热的解析理论》影响了整个 19 世纪分析严格化的进程.傅里叶还是最早使用定积分符号的人.

习　题　四

A　题

1. 设 $\mathscr{F}[f(t)]=F(\omega)$，则 $\mathscr{F}[f(t)\cos t]=$ _____.

2. $\mathscr{F}[e^{-2t}u(t)]=$ _____.

3. 设 $\mathscr{F}^{-1}[F(\omega)]=f(t)$，则 $\mathscr{F}^{-1}[e^{j\omega t_0}F(\omega)]=$ _____.

4. 设 $\mathscr{F}[f(t)]=F(\omega)$，则 $\mathscr{F}[\delta(t-a)*f(t)]=$ _____.

5. 设 $\mathscr{F}[f(t)]=F(\omega)$，则 $\mathscr{F}[f(2t-5)]=$ _____.

6. 设 $f(t)=\cos at$，则其傅里叶变换 $\mathscr{F}[f(t)]=F(\omega)$ 为（　　）.

(A) $\delta(\omega-a)-\delta(\omega+a)$

(B) $\pi j[\delta(\omega+a)-\delta(\omega-a)]$

(C) $\pi[\delta(\omega+a)+\delta(\omega-a)]$

(D) $\pi[\delta(\omega+a)-\delta(\omega-a)]$

7. 若 $\mathscr{F}[f_1(t)]=F_1(\omega)$，$\mathscr{F}[f_2(t)]=F_2(\omega)$，则下列变换正确的是（　　）.

(A) $\mathscr{F}[f_1(t)\cdot f_2(t)]=F_1(\omega)*F_2(\omega)$

(B) $\mathscr{F}[f_1(t)*f_2(t)]=F_1(\omega)\cdot F_2(\omega)$

(C) $\mathscr{F}[f_1(t)\cdot f_2(t)]=\dfrac{1}{2\pi}F_1(\omega)\cdot F_2(\omega)$

(D) $\mathscr{F}[f_1(t)*f_2(t)]=\dfrac{1}{2\pi}F_1(\omega)\cdot F_2(\omega)$

8. 若 $f(t)=\sin t\cos t$，则 $\mathscr{F}[f(t)]=F(\omega)$ 为（　　）.

(A) $\dfrac{\pi}{4}j[\delta(\omega+2)-\delta(\omega-2)]$

(B) $\dfrac{\pi}{2}j[\delta(\omega+2)-\delta(\omega-2)]$

(C) $\pi j[\delta(\omega+2)-\delta(\omega-2)]$

(D) $2\pi j[\delta(\omega+2)-\delta(\omega-2)]$

9. 下列变换中不正确的是（　　）.

(A) $\mathscr{F}[\mu(t)]=\dfrac{1}{\omega j}+\pi\delta(\omega)$

(B) $\mathscr{F}[\delta(t)]=1$

(C) $\mathscr{F}^{-1}[2\pi\delta(\omega)]=1$

(D) $\mathscr{F}^{-1}[\cos\omega_0 t]=\delta(\omega_0-\omega)+\delta(\omega_0+\omega)$

10. 若 $F_1(j\omega) = \mathscr{F}[f_1(t)]$，则 $F_2(j\omega) = \mathscr{F}[f_1(4-2t)] = ($　　$)$.

(A) $\dfrac{1}{2}F_1(j\omega)e^{-j4\omega}$

(B) $\dfrac{1}{2}F_1\left(-j\dfrac{\omega}{2}\right)e^{-j4\omega}$

(C) $F_1(-j\omega)e^{-j\omega}$

(D) $\dfrac{1}{2}F_1\left(-j\dfrac{\omega}{2}\right)e^{-j2\omega}$

B 题

1. 设 $f(t) = e^{-\beta t}(\beta > 0)$，求它的傅里叶积分，并指出能得到的积分式.

2. 求下列函数的傅里叶变换：

(1) $f(t) = \begin{cases} 1+t, & -1 < t < 0, \\ 1-t, & 0 < t < 1, \\ 0, & |t| > 1; \end{cases}$

(2) $f(t) = \begin{cases} e^{j\omega_0 t}, & a < t < b, \\ 0, & t < a \text{ 或 } t > b; \end{cases}$

(3) $f(t) = \dfrac{1}{2}\left[\delta(t+a) + \delta(t-a) + \delta\left(t+\dfrac{a}{2}\right) + \delta\left(t-\dfrac{a}{2}\right)\right].$

3. 求函数 $f(t) = \begin{cases} 1, & |t| \leqslant 1 \\ 0, & |t| > 1 \end{cases}$ 的傅里叶变换，并证明积分等式：

$$\int_0^{+\infty} \frac{\sin\omega}{\omega}\cos\omega t\,d\omega = \begin{cases} \dfrac{\pi}{2}, & |t| < 1, \\[2mm] \dfrac{\pi}{4}, & |t| = 1, \\[2mm] 0, & |t| > 1. \end{cases}$$

4. 求下列函数的傅里叶变换：

(1) $f(t) = \operatorname{sgn}t = \begin{cases} -1, & t < 0, \\ 1, & t > 0; \end{cases}$

(2) $f(t) = \dfrac{1}{\sqrt{2\pi}\sigma}e^{-\frac{t^2}{2\sigma^2}}$ (提示：利用钟形脉冲函数的傅里叶变换)；

(3) $f(t) = \sin\left(5t + \dfrac{\pi}{3}\right).$

5. 若 $F(\omega) = \mathscr{F}[f(t)]$，证明 $F(-\omega) = \mathscr{F}[f(-t)]$(翻转性质).

6. 证明下列各式：

(1) $e^{at}[f_1(t) * f_2(t)] = [e^{at}f_1(t)] * [e^{at}f_2(t)]$ (a 为常数);

(2) $\dfrac{d}{dt}[f_1(t) * f_2(t)] = \dfrac{d}{dt}f_1(t) * f_2(t) = f_1(t) * \dfrac{d}{dt}f_2(t)$.

7. 设函数

$$f_1(t) = \begin{cases} 1, & 0 \leqslant t \leqslant 1, \\ 0, & \text{其他}, \end{cases} \qquad f_2(t) = \begin{cases} \dfrac{1}{2}, & 0 \leqslant t \leqslant 1, \\ 0, & \text{其他}, \end{cases}$$

求 $f_1(t)$ 和 $f_2(t)$ 的卷积.

8. 已知 $F(\omega) = \mathscr{F}[f(t)]$,求下列函数的傅里叶变换:

(1) $g(t) = t f(2t)$;

(2) $g(t) = (t-2) f(t)$;

(3) $g(t) = t^3 f(2t)$;

(4) $g(t) = t f'(t)$.

9. 求序列 $\{1,1\}$ 的离散傅里叶变换.

10. 求有限长序列 $x(n) = 0.8^n$ 的离散傅里叶变换,其中 $n = 0,1,\cdots,8$.

11. 求微积分方程 $x'(t) - \displaystyle\int_{-\infty}^{t} x(t)dt = e^{-t}$ 的解.

12. 求微分方程 $x'(t) + x(t) = \delta(t)$ $(-\infty < x < +\infty)$ 的解.

第 5 章　拉普拉斯变换与 z 变换

　　傅里叶变换在工程等领域中发挥了重要的作用,特别是在信号处理领域,至今仍然是最基本的分析和处理工具.然而,傅里叶变换一方面要求函数在$(-\infty,+\infty)$内绝对可积,否则,就没有古典意义下的傅里叶变换,而绝对可积是一个很强的条件,即使是一些很简单的函数(如线性函数、正弦函数、余弦函数等)都不满足此条件.另一方面,傅里叶变换必须在整个实轴上有定义,但在工程实际问题中,时间 $t<0$ 通常是不需考虑的.因此,傅里叶变换的应用有一定的局限性.

　　能否找到一种变换,既有类似于傅里叶变换的性质,又能克服以上两个不足?在工程要求和科学发展的背景下,前人做了大量的工作,得到了解决方案,这就是拉普拉斯(Laplace)变换,它是从 19 世纪末英国工程师赫维塞德(Heaviside)发明的算子法发展而来的,但其数学根源则来自拉普拉斯.

　　拉普拉斯变换在连续时间信号中的作用非常重要,可将系统建模所表示的微分方程、积分方程和微积分方程转换为代数方程,简化求解过程.z 变换则是离散时间信号处理中的一种重要的数学工具,可将系统建模所表示的差分方程转换为代数方程,简化求解过程.

　　小波变换是从傅里叶变换发展过来的,也是一种积分变换,与傅里叶变换相比,小波变换的特点在于通过伸缩平移对信号进行多尺度变换,对信号进行时间或频率的局域分析,可以聚焦到信号的任意细节.小波变换具有很多的优越性能,是信号分析和处理较为理想的工具,在很多领域也都得到了广泛的应用.

5.1 拉普拉斯变换的概念

5.1.1 问题的提出

对任意函数 $f(t)$,结合单位阶跃函数 $u(t)$ 和单边指数衰减函数 $\mathrm{e}^{-\beta t}(\beta>0)$ 的特点,观察发现:若用 $u(t)$ 乘以 $f(t)$,则可以使积分区间由 $(-\infty,+\infty)$ 变为 $[0,+\infty)$;若用 $\mathrm{e}^{-\beta t}$ 乘以 $f(t)$,由于 $\mathrm{e}^{-\beta t}$ 的衰减性,则可以使 $f(t)\mathrm{e}^{-\beta t}$ 有可能在正半实轴变得绝对可积.如此一来,若把这两个函数同时乘以 $f(t)$,则应该可以克服上述的傅里叶变换的两个局限.

事实上,对 $f(t)u(t)\mathrm{e}^{-\beta t}(\beta>0)$ 作傅里叶变换,可得

$$\int_{-\infty}^{+\infty}f(t)u(t)\mathrm{e}^{-\beta t}\,\mathrm{e}^{-\mathrm{j}\omega t}\,\mathrm{d}t=\int_{0}^{+\infty}f(t)\mathrm{e}^{-(\beta+\mathrm{j}\omega)t}\,\mathrm{d}t$$
$$=\int_{0}^{+\infty}f(t)\mathrm{e}^{-st}\,\mathrm{d}t,$$

其中 $s=\beta+\mathrm{j}\omega$.只要 β 选择适当,该积分可绝对收敛.设

$$F(s)=\int_{0}^{+\infty}f(t)\mathrm{e}^{-st}\,\mathrm{d}t, \tag{5-1}$$

由此式所确定的函数 $F(s)$,实际上是由 $f(t)$ 通过一种新的变换得到的,这种变换被称为拉普拉斯变换.

5.1.2 拉普拉斯变换的定义

定义 5.1　设函数 $f(t)$ 是定义在 $[0,+\infty)$ 上的实值函数,若积分式(5-1)绝对收敛,则称 $F(s)$ 为函数 $f(t)$ 的**拉普拉斯变换**,简称**拉氏变换**,记为

$$F(s)=\mathscr{L}[f(t)].$$

相应地,称 $f(t)$ 为 $F(s)$ 的**拉普拉斯逆变换**,记为

$$f(t)=\mathscr{L}^{-1}[F(s)].$$

有时也称 $f(t)$ 和 $F(s)$ 分别为**像原函数**和**像函数**.

类似于傅里叶积分公式的引入方法,也可通过对幂级数 $\sum\limits_{n=0}^{+\infty}C_n z^n$ 作推广导出拉普拉斯变换.将指数 n 变换为在 0 到 $+\infty$ 上的连续变量 t,记 $z=\mathrm{e}^{-s}$,$C_n=f(t)$,由定积分定义,便可得到含复参变量 s 的拉普拉斯广义积分

$$\sum_{n=0}^{+\infty}C_n z^n=\int_{0}^{+\infty}f(t)\mathrm{e}^{-st}\,\mathrm{d}t. \tag{5-2}$$

　　因幂级数的收敛域是一个圆域,经过映射 $z=\mathrm{e}^{-s}$ 使得该圆域变为复平面上的右半平面,故在右半平面上的拉普拉斯广义积分是收敛的,同时定义了一个关于变量 s 为复频率的复频函数 $F(s)$. 显然,$F(s)$ 是函数 $f(t)\mathrm{e}^{-t\mathrm{Re}(s)}$ 的频谱函数,由此可见拉普拉斯广义积分的物理意义.

　　例 5.1　分别求单位阶跃函数 $u(t)$、符号函数 $\mathrm{sgn}t$ 和 $f(t)=1$ 的拉普拉斯变换.

　　解　由式(5-1)知,当 $\mathrm{Re}(s)>0$ 时(若 $\mathrm{Re}(s)\leqslant0$,积分不收敛),有

$$\mathscr{L}[u(t)]=\int_0^{+\infty}u(t)\mathrm{e}^{-st}\mathrm{d}t=\int_0^{+\infty}\mathrm{e}^{-st}\mathrm{d}t=\frac{1}{s},$$

$$\mathscr{L}[\mathrm{sgn}t]=\int_0^{+\infty}\mathrm{sgn}t\mathrm{e}^{-st}\mathrm{d}t=\int_0^{+\infty}\mathrm{e}^{-st}\mathrm{d}t=\frac{1}{s},$$

$$\mathscr{L}[1]=\int_0^{+\infty}1\cdot\mathrm{e}^{-st}\mathrm{d}t=\int_0^{+\infty}\mathrm{e}^{-st}\mathrm{d}t=\frac{1}{s}.$$

　　可以看出,三个函数经过拉普拉斯变换后,所得的像函数是一样的. 现在的问题是,对像函数 $F(s)=\dfrac{1}{s}$($\mathrm{Re}(s)>0$)而言,哪一个应该是其像原函数呢? 根据公式知,所有在 $t>0$ 时取值为 1 的函数 $f(t)$ 均可作为像原函数,这是因为在应用拉普拉斯变换的场合,不需要关心函数 $f(t)$ 在 $t<0$ 时的取值情况. 但为了讨论和描述方便,一般约定,在拉普拉斯变换中所提到的函数 $f(t)$ 均理解为 $t<0$ 时取零值. 例如,函数 $f(t)=\mathrm{sin}t$,应理解为 $f(t)=u(t)\mathrm{sin}t$.

　　还需要特别说明的是,定义 5.1 中只给出了拉普拉斯逆变换的概念而没有给出具体计算公式,例 5.1 的说明中提到的反推法可以作为一种方法,然而应用有限,具体的求取公式还需要专门的计算方法,留待后面阐述.

　　例 5.2　分别求函数 e^{at},e^{-at},$\mathrm{e}^{\mathrm{j}\omega t}$($\alpha>0,\omega\in\mathbf{R}$)的拉普拉斯变换.

　　解　$\mathscr{L}[\mathrm{e}^{at}]=\int_0^{+\infty}\mathrm{e}^{at}\mathrm{e}^{-st}\mathrm{d}t=\int_0^{+\infty}\mathrm{e}^{-(s-a)t}\mathrm{d}t$

$$=-\frac{1}{s-\alpha}\mathrm{e}^{-(s-a)t}\Big|_0^{+\infty}=\frac{1}{s-\alpha}\quad(\mathrm{Re}(s)>\alpha),$$

$$\mathscr{L}[\mathrm{e}^{-at}]=\int_0^{+\infty}\mathrm{e}^{-at}\mathrm{e}^{-st}\mathrm{d}t=\int_0^{+\infty}\mathrm{e}^{-(s+a)t}\mathrm{d}t$$

$$=-\frac{1}{s+\alpha}\mathrm{e}^{-(s+a)t}\Big|_0^{+\infty}=\frac{1}{s+\alpha}\quad(\mathrm{Re}(s)>-\alpha),$$

$$\mathscr{L}[\mathrm{e}^{\mathrm{j}\omega t}]=\int_0^{+\infty}\mathrm{e}^{\mathrm{j}\omega t}\mathrm{e}^{-st}\mathrm{d}t=\int_0^{+\infty}\mathrm{e}^{(\mathrm{j}\omega-s)t}\mathrm{d}t$$

$$=\frac{1}{\mathrm{j}\omega-s}\mathrm{e}^{(\mathrm{j}\omega-s)t}\Big|_0^{+\infty}=\frac{1}{s-\mathrm{j}\omega}\quad(\mathrm{Re}(s)>0).$$

5.1.3 拉普拉斯变换的存在定理

从上面的例子可以看出,拉普拉斯变换的确扩大了傅里叶变换的使用范围,而且变换存在的条件也比傅里叶变换弱得多.但是对一个函数而言,进行拉普拉斯变换也还是要具备一些条件的.那么一个函数究竟满足什么条件时,它的拉普拉斯变换一定存在呢? 若存在,其收敛域又是怎样的? 下面的定理将回答上述问题.

定理 5.1 设函数 $f(t)$ 满足如下条件:

(1) 在 $t>0$ 的任一有限区间上分段连续;

(2) 当 $t \to +\infty$ 时,$f(t)$ 的增长速度不超过某一指数函数,即存在常数 $M>0$ 及 $c \geqslant 0$,使得不等式

$$| f(t) | \leqslant M e^{ct} \quad (0 \leqslant t < +\infty) \tag{5-3}$$

成立,则像函数 $F(s)$ 在半平面 $\mathrm{Re}(s)>c$ 内一定存在,且是解析的(c 称为函数 $f(t)$ 的增长指数上限).

证明 令 $s=\beta+\mathrm{j}\omega$,由于 $e^{\mathrm{j}\omega}$ 始终在单位圆周上,因此 $|e^{-st}| = e^{-\beta t}$.由不等式 (5-3) 可得

$$| F(s) | = \left| \int_0^{+\infty} f(t) e^{-st} \, \mathrm{d}t \right| \leqslant M \int_0^{+\infty} e^{-(\beta-c)t} \, \mathrm{d}t.$$

因 $\mathrm{Re}(s)=\beta>c$,即 $\beta-c>0$,由含参变量的广义积分性质可知,上式右端积分(一致)收敛,因此 $F(s)$ 在半平面 $\mathrm{Re}(s)>c$ 上存在.不仅如此,在此积分号内对 s 求导数后所得的积分在半平面 $\mathrm{Re}(s)>c$ 内也是一致收敛,根据复变函数的解析理论,可知 $F(s)$ 在半平面 $\mathrm{Re}(s)>c$ 内是解析的.

对于定理 5.1 可简单地理解为:对于一个函数,即使其模随着 t 的增大而增大,但只要不比某个指数函数增长得快,则其拉普拉斯变换就存在.这可以从拉普拉斯变换与傅里叶变换的关系中得到直观的解释.常见的大多数函数如幂函数、三角函数和指数函数等,都是满足该条件的.但函数 e^{t^2} 则不满足,因为上述条件中的 M,c 不存在.需要注意的是,定理 5.1 中的条件只是充分条件,而不是必要条件.

另外,关于存在域,定理 5.1 中所给的也是一个充分性的结论,一般还会"大"一些.但从形式上看,它常常是一个半平面.具体来说,对任何一个函数 $f(t)$,其拉普拉斯变换 $F(s)$ 一般为下列三种情况之一:

(1) $F(s)$ 不存在;

(2) $F(s)$ 处处存在,即存在域是全平面;

(3) 存在实数 s_0,当 $\mathrm{Re}(s) > s_0$ 时,$F(s)$ 存在;当 $\mathrm{Re}(s) < s_0$ 时,$F(s)$ 不存在,即存在域为 $\mathrm{Re}(s) > s_0$.

例 5.3　求下列函数的拉普拉斯变换:

(1) $\sin at$;　　　(2) $\cos at$;　　　(3) $\sin at \sin bt$.

解　(1) 根据式(5-1),可知

$$\mathscr{L}[\sin at] = \int_0^{+\infty} \sin at\, \mathrm{e}^{-st}\, \mathrm{d}t = \frac{1}{2\mathrm{j}} \int_0^{+\infty} (\mathrm{e}^{\mathrm{j}at} - \mathrm{e}^{-\mathrm{j}at}) \mathrm{e}^{-st}\, \mathrm{d}t$$

$$= \frac{-\mathrm{j}}{2} \left(\int_0^{+\infty} \mathrm{e}^{-(s-\mathrm{j}a)t}\, \mathrm{d}t - \int_0^{+\infty} \mathrm{e}^{-(s+\mathrm{j}a)t}\, \mathrm{d}t \right)$$

$$= \frac{-\mathrm{j}}{2} \left(\frac{-1}{s-\mathrm{j}a} \mathrm{e}^{-(s-\mathrm{j}a)t} \Big|_0^{+\infty} - \frac{-1}{s+\mathrm{j}a} \mathrm{e}^{-(s+\mathrm{j}a)t} \Big|_0^{+\infty} \right)$$

$$= \frac{-\mathrm{j}}{2} \left(\frac{1}{s-\mathrm{j}a} - \frac{1}{s+\mathrm{j}a} \right) = \frac{a}{s^2+a^2} \quad (\mathrm{Re}(s) > 0).$$

(2) 类似于(1),有

$$\mathscr{L}[\cos at] = \frac{s}{s^2+a^2} \quad (\mathrm{Re}(s) > 0).$$

(3) 类似于(1),若 $\mathrm{Re}(s) > 0$,有

$$\mathscr{L}[\sin at \sin bt] = \int_0^{+\infty} \sin at \sin bt\, \mathrm{e}^{-st}\, \mathrm{d}t$$

$$= -\frac{1}{4} \int_0^{+\infty} (\mathrm{e}^{\mathrm{j}at} - \mathrm{e}^{-\mathrm{j}at})(\mathrm{e}^{\mathrm{j}bt} - \mathrm{e}^{-\mathrm{j}bt}) \mathrm{e}^{-st}\, \mathrm{d}t$$

$$= \frac{2abs}{[s^2 + (a+b)^2][s^2 + (a-b)^2]}.$$

例 5.4　求函数 $f(t) = \begin{cases} 3, & 0 \leqslant t < \dfrac{\pi}{2} \\ \cos t, & t \geqslant \dfrac{\pi}{2} \end{cases}$ 的拉普拉斯变换.

解　由式(5-1)知,若 $\mathrm{Re}(s) > 0$,有

$$\mathscr{L}[f(t)] = \int_0^{\pi/2} 3\mathrm{e}^{-st}\, \mathrm{d}t + \int_{\pi/2}^{+\infty} \cos t\, \mathrm{e}^{-st}\, \mathrm{d}t$$

$$= \frac{3}{s}(1 - \mathrm{e}^{-\frac{1}{2}\pi s}) - \frac{1}{s^2+1} \mathrm{e}^{-\frac{1}{2}\pi s}.$$

由于 δ 函数在零点具有特殊性质,所以必须首先考虑"右积分"和"左积分". 事实上,根据 δ 函数的筛选性质,可知

$$\mathscr{L}_+[\delta(t)] = \int_{0^+}^{+\infty} \delta(t)\mathrm{e}^{-st}\, \mathrm{d}t = 0,$$

$$\mathscr{L}\left[\delta(t)\right] = \int_{0^-}^{0^+} \delta(t)\mathrm{e}^{-st}\,\mathrm{d}t + \int_{0^+}^{+\infty} \delta(t)\mathrm{e}^{-st}\,\mathrm{d}t = \int_{0^-}^{0^+} \delta(t)\mathrm{e}^{-st}\,\mathrm{d}t = 1. \quad (5\text{-}4)$$

可见,若 $f(t)$ 包含了 δ 函数,就必须事先说明积分下限.为计算方便,规定所有的拉普拉斯变换都是左积分.

例 5.5　求下列函数的拉普拉斯变换:

(1) $\delta(t)$;　　　(2) $f(t) = \delta(t)\cos t - u(t)\sin t$.

解　(1) 根据上述性质,再结合 δ 函数的筛选性质,有

$$\mathscr{L}\left[\delta(t)\right] = \int_{0^-}^{+\infty} \delta(t)\mathrm{e}^{-st}\,\mathrm{d}t = \mathrm{e}^{-st}\big|_{t=0} = 1.$$

(2) 根据 δ 函数和单位阶跃函数的性质,有

$$\mathscr{L}\left[f(t)\right] = \int_{0}^{+\infty} \delta(t)\cos t\,\mathrm{e}^{-st}\,\mathrm{d}t - \int_{0}^{+\infty} u(t)\sin t\,\mathrm{e}^{-st}\,\mathrm{d}t$$

$$= \cos t\,\mathrm{e}^{-st}\big|_{t=0} + \frac{\mathrm{j}}{2}\int_{0}^{+\infty}(\mathrm{e}^{\mathrm{j}t} - \mathrm{e}^{-\mathrm{j}t})\mathrm{e}^{-st}\,\mathrm{d}t$$

$$= 1 - \frac{1}{s^2+1} = \frac{s^2}{s^2+1}(\mathrm{Re}(s) > 0).$$

5.2　拉普拉斯变换的性质

5.2.1　基本性质

假设要求进行变换的函数的拉普拉斯变换均存在.

1. 线性性质

若 α, β 是常数,且

$$\mathscr{L}\left[f_1(t)\right] = F_1(s), \quad \mathscr{L}\left[f_2(t)\right] = F_2(s),$$

则有
$$\mathscr{L}\left[\alpha f_1(t) + \beta f_2(t)\right] = \alpha F_1(s) + \beta F_2(s),$$

$$\mathscr{L}^{-1}\left[\alpha F_1(s) + \beta F_2(s)\right] = \alpha \mathscr{L}^{-1}\left[F_1(s)\right] + \beta \mathscr{L}^{-1}\left[F_2(s)\right]. \quad (5\text{-}5)$$

该定理的证明可由拉普拉斯变换和逆变换的公式直接推出,此处略去证明.

例 5.6　求函数 $F(s) = \dfrac{s}{(s^2+a^2)(s^2+b^2)}$ 的拉普拉斯逆变换.

解　因为

$$F(s) = \frac{1}{b^2-a^2}\left(\frac{s}{s^2+a^2} - \frac{s}{s^2+b^2}\right),$$

根据例 5.3(2) 及线性性质,可得

$$\mathscr{L}^{-1}[F(s)]=\frac{1}{b^2-a^2}\Big(\mathscr{L}^{-1}\Big[\frac{s}{s^2+a^2}\Big]-\mathscr{L}^{-1}\Big[\frac{s}{s^2+b^2}\Big]\Big)$$

$$=\frac{1}{b^2-a^2}(\cos at-\cos bt),$$

其中,$\mathrm{Re}(s)>\max\{|\mathrm{Re}(ja)|,|\mathrm{Re}(jb)|\}$.

2. 微分性质

(1) 导数的像函数.

设函数 $f(t)$ 的 n 阶导数存在,则

$$\mathscr{L}[f^{(n)}(t)]=s^nF(s)-s^{n-1}f(0)-s^{n-2}f'(0)-\cdots-f^{(n-1)}(0)\quad(\mathrm{Re}(s)>c),$$

$$(5\text{-}6)$$

特别地,当初值 $f(0)=f'(0)=\cdots=f^{(n-1)}(0)=0$ 时, 有

$$\mathscr{L}[f^{(n)}(t)]=s^nF(s).\tag{5-7}$$

(2) 像函数的导数.

设像函数 $F(s)$ 的 n 阶导数存在, 则

$$\mathscr{L}^{-1}[F^{(n)}(s)]=(-t)^nf(t)\ (\mathrm{Re}(s)>c),\tag{5-8}$$

或写成

$$F^{(n)}(s)=\mathscr{L}[(-t)^nf(t)]\ (\mathrm{Re}(s)>c).\tag{5-9}$$

此性质的证明只需反复利用分部积分法即可.

例 5.7　利用微分性质求函数 $f(t)=\cos kt$ 的拉普拉斯变换.

解　由于

$$f(0)=1,\quad f'(0)=0,\quad f''(t)=-k^2\cos kt,$$

则根据式(5-6),可得

$$\mathscr{L}[-k^2\cos kt]=\mathscr{L}[f''(t)]=s^2F(s)-sf(0)-f'(0),$$

即

$$-k^2\mathscr{L}[\cos kt]=s^2\mathscr{L}[\cos kt]-s,$$

移项化简,得

$$\mathscr{L}[\cos kt]=\frac{s}{s^2+k^2}(\mathrm{Re}(s)>0).$$

此方法与例 5.5(2)的结果一致.

例 5.8　利用微分性质,求函数 $f(t)=t^m$ 的拉普拉斯变换,其中 m 是正整数.

解　由于

$$f(0)=f'(0)=\cdots=f^{(m-1)}(0)=0,$$

而 $f^{(m)}(t)=m!$，则根据式(5-6)，可得

$$\mathscr{L}[f^{(m)}(t)]=\mathscr{L}[m!]=s^m F(s)-s^{m-1}f(0)-s^{m-2}f'(0)-\cdots-f^{(m-1)}(0),$$

即
$$\mathscr{L}[m!]=s^m \mathscr{L}[t^m],$$

而
$$\mathscr{L}[m!]=m!\cdot\mathscr{L}[1]=\frac{m!}{s},$$

所以
$$\mathscr{L}[t^m]=\frac{m!}{s^{m+1}}\ (\mathrm{Re}(s)>0).$$

例 5.9 求函数 $f(t)=t\sin kt$ 的拉普拉斯变换.

解 因为 $\mathscr{L}[\sin kt]=\dfrac{k}{s^2+k^2}$，根据上述微分性质，得

$$\mathscr{L}[t\sin kt]=-\frac{\mathrm{d}}{\mathrm{d}s}\left[\frac{k}{s^2+k^2}\right]=\frac{2ks}{(s^2+k^2)^2}\quad(\mathrm{Re}(s)>0).$$

同理，可得

$$\mathscr{L}[t\cos kt]=-\frac{\mathrm{d}}{\mathrm{d}s}\left[\frac{s}{s^2+k^2}\right]=\frac{2s^2-s^2-k^2}{(s^2+k^2)^2}=\frac{s^2-k^2}{(s^2+k^2)^2}\quad(\mathrm{Re}(s)>0).$$

3. 积分性质

（1）积分的像函数.

若 $\mathscr{L}[f(t)]=F(s)$，则

$$\mathscr{L}\left\{\underbrace{\int_0^t \mathrm{d}t\int_0^t \mathrm{d}t\cdots\int_0^t f(t)\mathrm{d}t}_{n\text{次}}\right\}=\frac{1}{s^n}\mathscr{L}[f(t)]=\frac{1}{s^n}F(s). \tag{5-10}$$

特别地，当 $n=1$ 时，有

$$\mathscr{L}\left[\int_0^t f(t)\mathrm{d}t\right]=\frac{1}{s}\mathscr{L}[f(t)]=\frac{1}{s}F(s).$$

（2）像函数的积分.

若 $\mathscr{L}[f(t)]=F(s)$，则

$$\mathscr{L}\left[\frac{f(t)}{t^n}\right]=\underbrace{\int_s^{+\infty}\mathrm{d}s\int_s^{+\infty}\mathrm{d}s\cdots\int_s^{+\infty}F(s)\mathrm{d}s}_{n\text{次}}, \tag{5-11}$$

或
$$\mathscr{L}^{-1}\left[\underbrace{\int_s^{+\infty}\mathrm{d}s\int_s^{+\infty}\mathrm{d}s\cdots\int_s^{+\infty}F(s)\mathrm{d}s}_{n\text{次}}\right]=\frac{f(t)}{t^n}.$$

如果积分 $\displaystyle\int_0^{+\infty}\frac{f(t)}{t}\mathrm{d}t$ 存在，在式(5-11)中，取积分下限 $s=0, n=1$，则有

$$\int_0^{+\infty}F(s)\mathrm{d}s=\int_0^{+\infty}\left[\int_0^{+\infty}f(t)\mathrm{e}^{-st}\mathrm{d}t\right]\mathrm{d}s=\int_0^{+\infty}\left[\int_0^{+\infty}f(t)\mathrm{e}^{-st}\mathrm{d}s\right]\mathrm{d}t$$

$$= \int_0^{+\infty} f(t) \left(-\frac{\mathrm{e}^{-st}}{t} \right)_0^{+\infty} \mathrm{d}t = \int_0^{+\infty} \frac{f(t)}{t} \mathrm{d}t.$$

即

$$\int_0^{+\infty} \frac{f(t)}{t} \mathrm{d}t = \int_0^{+\infty} F(s) \mathrm{d}s.$$

此公式常用来计算某些积分.

例 5.10　求函数 $f(t) = \dfrac{\sin t}{t}$ 的拉普拉斯变换.

解　因为 $\mathscr{L}[\sin t] = \dfrac{1}{s^2 + 1}$,根据像函数的积分性质,得

$$\mathscr{L}[f(t)] = \mathscr{L}\left[\frac{\sin t}{t} \right] = \int_s^{+\infty} \frac{1}{s^2 + 1} \mathrm{d}s = \frac{\pi}{2} - \arctan s.$$

例如,在例 5.10 中,取 $s = 0$,则有

$$\int_0^{+\infty} \frac{\sin t}{t} \mathrm{d}t = \frac{\pi}{2} - \arctan 0 = \frac{\pi}{2}.$$

4. 位移性质

若 $\mathscr{L}[f(t)] = F(s)$,a 是复常数,则有

$$\mathscr{L}[\mathrm{e}^{at} f(t)] = F(s - a) \quad (\mathrm{Re}(s - a) > c). \tag{5-12}$$

证明　根据拉普拉斯变换的定义,有

$$\mathscr{L}[\mathrm{e}^{at} f(t)] = \int_0^{+\infty} \mathrm{e}^{at} f(t) \mathrm{e}^{-st} \mathrm{d}t = \int_0^{+\infty} f(t) \mathrm{e}^{-(s-a)t} \mathrm{d}t.$$

上式右端只是在 $F(s)$ 中将 s 换为 $s - a$,因此

$$\mathscr{L}[\mathrm{e}^{at} f(t)] = F(s - a) \quad (\mathrm{Re}(s - a) > c).$$

例 5.11　求拉普拉斯变换 $\mathscr{L}[\mathrm{e}^{at} t^m]$,其中 m 为正整数.

解　已知

$$\mathscr{L}[t^m] = \frac{m!}{s^{m+1}},$$

根据位移性质,可得

$$\mathscr{L}[\mathrm{e}^{at} t^m] = \frac{m!}{(s - a)^{m+1}}.$$

例 5.12　求拉普拉斯变换 $\mathscr{L}[\mathrm{e}^{-at} \sin kt]$.

解　已知

$$\mathscr{L}[\sin kt] = \frac{k}{s^2 + k^2},$$

根据位移性质,可得

$$\mathscr{L}[\mathrm{e}^{-at} \sin kt] = \frac{k}{(s + a)^2 + k^2}.$$

5. 延迟性质

若 $\mathscr{L}[f(t)]=F(s)$，又 $t<0$ 时 $f(t)=0$，则对于任一实数 $\tau \geqslant 0$，有

$$\mathscr{L}[f(t-\tau)]=\mathrm{e}^{-s\tau}F(s). \qquad (5\text{-}13)$$

证明　根据式(5-1)，有

$$\mathscr{L}[f(t-\tau)]=\int_0^{+\infty}f(t-\tau)\mathrm{e}^{-st}\,\mathrm{d}t$$

$$=\int_0^{\tau}f(t-\tau)\mathrm{e}^{-st}\,\mathrm{d}t+\int_{\tau}^{+\infty}f(t-\tau)\mathrm{e}^{-st}\,\mathrm{d}t$$

$$=\int_{\tau}^{+\infty}f(t-\tau)\mathrm{e}^{-st}\,\mathrm{d}t,$$

令 $t-\tau=u$，则 $t=u+\tau,\mathrm{d}t=\mathrm{d}u$，所以

$$\mathscr{L}[f(t-\tau)]=\int_0^{+\infty}f(u)\mathrm{e}^{-s(u+\tau)}\,\mathrm{d}u=\mathrm{e}^{-s\tau}\int_0^{+\infty}f(u)\mathrm{e}^{-su}\,\mathrm{d}u$$

$$=\mathrm{e}^{-s\tau}F(s) \qquad (\mathrm{Re}(s)>c).$$

函数 $f(t-\tau)$ 与 $f(t)$ 相比，$f(t)$ 从 $t=0$ 开始有非零数值，而 $f(t-\tau)$ 是从 $t=\tau$ 开始才有非零数值，即延迟了一个时间 τ，$f(t-\tau)$ 是由 $f(t)$ 沿 t 轴向右平移 τ 而得到. 此性质表明：时间函数延迟 τ 的拉普拉斯变换等于它的像函数乘以指数因子 $\mathrm{e}^{-s\tau}$.

例 5.13　求函数

$$u(t-\tau)=\begin{cases}1, & t<\tau \\ 0, & t>\tau\end{cases}$$

的拉普拉斯变换，其中 $\tau \geqslant 0$.

解　已知　　　　　　　　　$\mathscr{L}[u(t)]=\dfrac{1}{s}$，

根据延迟性质，可得

$$\mathscr{L}[u(t-\tau)]=\frac{1}{s}\mathrm{e}^{-s\tau}.$$

5.2.2　卷积

1. 卷积的概念

在傅里叶变换中，两个函数的卷积是指

$$f_1(t)*f_2(t)=\int_{-\infty}^{+\infty}f_1(\tau)f_2(t-\tau)\mathrm{d}\tau.$$

如果当 $t<0$ 时，$f_1(t)=f_2(t)=0$，则上式可以写成

$$f_1(t)*f_2(t)=\int_{-\infty}^{0}f_1(\tau)f_2(t-\tau)\mathrm{d}\tau+\int_0^{t}f_1(\tau)f_2(t-\tau)\mathrm{d}\tau+\int_t^{+\infty}f_1(\tau)f_2(t-\tau)\mathrm{d}\tau$$

$$= \int_0^t f_1(\tau) f_2(t-\tau) \mathrm{d}\tau,$$

即
$$f_1(t) * f_2(t) = \int_0^t f_1(\tau) f_2(t-\tau) \mathrm{d}\tau. \tag{5-14}$$

称式(5-14)为 $f_1(t)$ 与 $f_2(t)$ 在拉普拉斯变换中的**卷积**.

拉普拉斯变换的卷积也满足交换律、结合律以及对加法的分配律.

例 5.14 已知 $f_1(t)=t(t>0)$ 与 $f_2(t)=\sin t(t>0)$，求 $f_1(t) * f_2(t)$.

解 按照卷积定义,有

$$f_1(t) * f_2(t) = t * \sin t = \int_0^t \tau \sin(t-\tau) \mathrm{d}\tau = \int_0^t \tau \mathrm{d}\cos(t-\tau)$$

$$= \tau \cos(t-\tau) \big|_0^t - \int_0^t \cos(t-\tau) \mathrm{d}\tau$$

$$= t - \sin t.$$

2. 卷积定理

定理 5.2 假定 $f_1(t)$ 与 $f_2(t)$ 都满足拉普拉斯变换存在定理中的条件,且
$$\mathscr{L}[f_1(t)]=F_1(s), \quad \mathscr{L}[f_2(t)]=F_2(s),$$

则 $f_1(t) * f_2(t)$ 的拉普拉斯变换一定存在,且

$$\mathscr{L}[f_1(t) * f_2(t)]=F_1(s) \cdot F_2(s), \tag{5-15}$$

或
$$\mathscr{L}^{-1}[F_1(s) \cdot F_2(s)]=f_1(t) * f_2(t). \tag{5-16}$$

对于多个函数的卷积,也有类似的结论,即
$$\mathscr{L}[f_k(t)]=F_k(s)(k=1,2,\cdots,n),$$

则
$$\mathscr{L}[f_1(t) * f_2(t) * \cdots * f_n(t)]=F_1(s)F_2(s)\cdots F_n(s)$$
$$=\mathscr{L}[f_1(t)]\mathscr{L}[f_2(t)]\cdots\mathscr{L}[f_n(t)].$$

利用定理 5.2 可将复杂的卷积运算变成简单的乘积运算,同时也可以利用卷积和卷积定理求拉普拉斯逆变换.

例 5.15 若 $F(s)=\dfrac{1}{s^2(1+s^2)}$,求 $f(t)$.

解 因为
$$F(s)=\frac{1}{s^2(1+s^2)}=\frac{1}{s^2} \cdot \frac{1}{s^2+1},$$

令
$$F_1(s)=\frac{1}{s^2}, F_2(s)=\frac{1}{s^2+1},$$

于是
$$f_1(t)=\mathscr{L}^{-1}[F_1(s)]=t, \quad f_2(t)=\mathscr{L}^{-1}[F_2(s)]=\sin t.$$

根据卷积定理,可得
$$f(t)=f_1(t) * f_2(t)=t * \sin t=t-\sin t.$$

例 5.16　若 $F(s)=\dfrac{s^2}{(s^2+1)^2}$，求 $f(t)$.

解　因为
$$F(s)=\frac{s^2}{(s^2+1)^2}=\frac{s}{s^2+1}\cdot\frac{s}{s^2+1},$$

所以
$$f(t)=\mathscr{L}^{-1}\left[\frac{s}{s^2+1}\cdot\frac{s}{s^2+1}\right]=\cos t*\cos t$$
$$=\int_0^t\cos\tau\cos(t-\tau)\mathrm{d}\tau$$
$$=\frac{1}{2}\int_0^t[\cos t+\cos(2\tau-t)]\mathrm{d}\tau$$
$$=\frac{1}{2}(t\cos t+\sin t).$$

*5.2.3　极限性质

1. 初值关系

若 $\mathscr{L}[f(t)]=F(s)$，且 $\lim\limits_{s\to\infty}sF(s)$ 存在，则
$$f(0)=\lim_{s\to\infty}sF(s). \tag{5-17}$$

这个性质表明 $f(t)$ 在 $t=0$ 时的数值，可以通过 $f(t)$ 的拉普拉斯变换乘以 s 取 $s\to\infty$ 时的极限值而得到，它建立了函数 $f(t)$ 在原点处的值与函数 $sF(s)$ 在无限远处的值之间的关系.

2. 终值关系

若 $\mathscr{L}[f(t)]=F(s)$，$sF(s)$ 的所有奇点全在 s 平面的左半部，且 $f(+\infty)$ 存在，则
$$f(+\infty)=\lim_{s\to0}sF(s). \tag{5-18}$$

这个性质表明 $f(t)$ 在 $t\to+\infty$ 时的数值（稳定值），可以通过 $f(t)$ 的拉普拉斯变换乘以 s 取 $s\to0$ 时的极限值而得到，它建立了函数 $f(t)$ 在无限远处的值与函数 $sF(s)$ 在原点处的值之间的关系.

证明　根据微分性质，可知
$$sF(s)=\int_0^{+\infty}f'(t)\mathrm{e}^{-st}\mathrm{d}t+f(0),$$
两边关于 $s\to+\infty$ 取极限，可得
$$\lim_{s\to+\infty}sF(s)=\lim_{s\to+\infty}\left[\int_0^{+\infty}f'(t)\mathrm{e}^{-st}\mathrm{d}t+f(0)\right]$$
$$=\int_0^{+\infty}\lim_{s\to+\infty}f'(t)\mathrm{e}^{-st}\mathrm{d}t+f(0)$$

$$= f(0),$$

两边关于 $s \to 0$ 取极限,可得

$$\lim_{s \to 0} sF(s) = \int_0^{+\infty} \lim_{s \to 0} f'(t) \mathrm{e}^{-st} \mathrm{d}t + f(0)$$

$$= \int_0^{+\infty} f'(t) \mathrm{d}t + f(0)$$

$$= \lim_{t \to +\infty} f(t).$$

需要提醒注意的是,该证明中直接允许求极限和求积分可交换运算顺序,这是不严谨的,但对于工科学生,严格的证明不作要求,这是因为在实际问题中,关心的只是函数 $f(t)$ 在 $t=0$ 附近或 t 比较大时的情况. 对于零点和无穷远点,即便想关心,也无能为力.

终值定理在自动控制系统中被广泛应用,它要求某指定变量的终值为 0. 如飞机的自动着陆系统,当飞行时间 t 变大时,飞机接近着陆,因此在控制飞机的理想着陆路径时,系统更关心的是飞机距离地面的最终高度为 0 时的状态.

在拉普拉斯变换的应用中,这两个性质给我们提供了方便,能使我们直接由 $F(s)$ 来求出 $f(t)$ 的两个特殊值 $f(0), f(+\infty)$.

例 5.17　若 $\mathscr{L}[f(t)] = \dfrac{1}{s+a}$,求 $f(0), f(+\infty)$.

解　根据初值关系和终值关系,可得

$$f(0) = \lim_{s \to +\infty} sF(s) = \lim_{s \to \infty} \frac{s}{s+a} = 1,$$

$$f(+\infty) = \lim_{s \to 0} sF(s) = \lim_{s \to 0} \frac{s}{s+a} = 0.$$

另外,我们由 $\mathscr{L}[\mathrm{e}^{-at}] = \dfrac{1}{s+a}$,可得 $f(t) = \mathrm{e}^{-at}$. 所以 $f(0) = 1, f(+\infty) = 0$.

由此可见,利用极限性质与用函数表达式所求结果一致. 但在应用终值关系时需要注意是否满足条件. 例如,若函数 $f(t)$ 的拉普拉斯变换为 $F(s) = \dfrac{1}{s^2+1}$,则易知 $sF(s) = \dfrac{s}{s^2+1}$ 的两个奇点 $s = \pm \mathrm{j}$ 位于虚轴上,此时不满足终值关系的条件. 虽然有

$$\lim_{s \to 0} sF(s) = \lim_{s \to 0} \frac{s}{s^2+1} = 0,$$

而

$$f(t) = \mathscr{L}^{-1}\left[\frac{1}{s^2+1}\right] = \sin t,$$

事实上 $\lim\limits_{t \to \infty} f(t) = \lim\limits_{t \to \infty} \sin t$,极限是不存在的.

5.3　拉普拉斯逆变换

运用拉普拉斯变换求解具体问题时,经常需要由像函数 $F(s)$ 求像原函数 $f(t)$.由前面的讨论可知,利用拉普拉斯变换的性质并根据一些已知的变换来求像原函数,这种方法在许多情况下不失为一种简单且有效的方法,但还不能满足实际应用的需要.本节将介绍一种更一般性的方法,它可以直接由像函数 $F(s)$ 的积分来表示像原函数 $f(t)$.

按傅里叶积分公式,在 $f(t)$ 的连续点就有

$$
\begin{aligned}
f(t)u(t)\mathrm{e}^{-\beta t} &= \frac{1}{2\pi} \int_{-\infty}^{+\infty} \left[\int_{-\infty}^{+\infty} f(\tau)u(\tau)\mathrm{e}^{-\beta\tau}\mathrm{e}^{-\mathrm{j}\omega\tau}\,\mathrm{d}\tau \right] \mathrm{e}^{\mathrm{j}\omega t}\,\mathrm{d}\omega \\
&= \frac{1}{2\pi} \int_{-\infty}^{+\infty} \mathrm{e}^{\mathrm{j}\omega t} \left[\int_{0}^{+\infty} f(\tau)\mathrm{e}^{-(\beta+\mathrm{j}\omega)\tau}\,\mathrm{d}\tau \right] \mathrm{d}\omega \\
&= \frac{1}{2\pi} \int_{-\infty}^{+\infty} F(\beta+\mathrm{j}\omega)\mathrm{e}^{\mathrm{j}\omega t}\,\mathrm{d}\omega \quad (t>0),
\end{aligned}
$$

等式两边同乘以 $\mathrm{e}^{\beta t}$,则

$$
f(t) = \frac{1}{2\pi} \int_{-\infty}^{+\infty} F(\beta+\mathrm{j}\omega)\mathrm{e}^{(\beta+\mathrm{j}\omega)t}\,\mathrm{d}\omega \,(t>0).
$$

令 $s=\beta+\mathrm{j}\omega$,有

$$
f(t) = \frac{1}{2\pi\mathrm{j}} \int_{\beta-\mathrm{j}\infty}^{\beta+\mathrm{j}\infty} F(s)\mathrm{e}^{st}\,\mathrm{d}s \quad (t>0), \tag{5-19}
$$

可记为

$$
\mathscr{L}^{-1}[F(s)] = f(t).
$$

式(5-19)称为**拉普拉斯逆变换式**,右端的积分称为**拉普拉斯反演积分**.它的积分路线是沿着虚轴的方向从虚部的负无穷到虚部的正无穷.

式(5-19)是一个复变函数积分,其计算通常比较困难.只有当 $F(s)$ 满足一定的条件时,才可以借用留数来求解.下面定理提供了计算这种反演积分的一种方法.

定理 5.3　若 $s_1,s_2,\cdots,s_n$ 是函数 $F(s)$ 的所有奇点(适当选取 β 使这些奇点全在 $\mathrm{Re}(s)<\beta$ 的范围内),且当 $s\to\infty$ 时,$F(s)\to0$,则有

$$
f(t) = \frac{1}{2\pi\mathrm{j}} \int_{\beta-\mathrm{j}\infty}^{\beta+\mathrm{j}\infty} F(s)\mathrm{e}^{st}\,\mathrm{d}s = \sum_{k=1}^{n} \mathrm{Res}[F(s)\mathrm{e}^{st}, s_k],
$$

即

$$
f(t) = \sum_{k=1}^{n} \mathrm{Res}[F(s)\mathrm{e}^{st}, s_k]\,(t>0). \tag{5-20}
$$

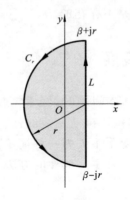

图 5-1

证明　如图 5-1 所示,只要 β 适当大、半圆周 C_r 的半径 r 足够大,则封闭曲线 $C=L+C_r$ 足以将 $F(s)$ 的所有孤立奇点都包含在内.

根据复变函数的留数定理,可知

$$\oint_C F(s)\mathrm{e}^{st}\mathrm{d}s = 2\pi\mathrm{j}\sum_{k=1}^{n}\mathrm{Res}[F(s)\mathrm{e}^{st},s_k],$$

即　　　　$$\frac{1}{2\pi\mathrm{j}}\left[\int_{\beta-\mathrm{j}r}^{\beta+\mathrm{j}r}F(s)\mathrm{e}^{st}\mathrm{d}s + \int_{C_r}F(s)\mathrm{e}^{st}\mathrm{d}s\right] = \sum_{k=1}^{n}\mathrm{Res}[F(s)\mathrm{e}^{st},s_k].$$

当 $r\to+\infty$ 时,根据留数理论,可知

$$\lim_{r\to+\infty}\int_{C_r}F(s)\mathrm{e}^{st}\mathrm{d}s = 0.$$

所以

$$f(t) = \frac{1}{2\pi\mathrm{j}}\int_{\beta-\mathrm{j}\infty}^{\beta+\mathrm{j}\infty}F(s)\mathrm{e}^{st}\mathrm{d}s = \sum_{k=1}^{n}\mathrm{Res}[F(s)\mathrm{e}^{st},s_k].$$

定理得证.

例 5.18　求 $F(s)=\dfrac{1}{s\,(s-1)^2}$ 的拉普拉斯逆变换.

解　因为 $s=0$ 为 $F(s)$ 的一级极点,$s=1$ 为 $F(s)$ 的二级极点,所以

$$f(t)=\mathrm{Res}[F(s)\mathrm{e}^{st},0]+\mathrm{Res}[F(s)\mathrm{e}^{st},1]$$

$$=\frac{1}{(s-1)^2}\mathrm{e}^{st}\bigg|_{s=0}+\lim_{s\to1}\frac{\mathrm{d}}{\mathrm{d}s}\left[\frac{1}{s}\mathrm{e}^{st}\right]$$

$$=1+\lim_{s\to1}\left(\frac{t}{s}\mathrm{e}^{st}-\frac{1}{s^2}\mathrm{e}^{st}\right)$$

$$=1+(t\mathrm{e}^t-\mathrm{e}^t)$$

$$=1+\mathrm{e}^t(t-1)\quad(t>0).$$

例 5.19　求 $F(s)=\dfrac{1}{s(s+1)}$ 的拉普拉斯逆变换.

解　因为

$$F(s)=\frac{1}{s(s+1)}=\frac{1}{s}-\frac{1}{s+1},$$

根据

$$\mathscr{L}^{-1}\left[\frac{1}{s^{m+1}}\right]=\frac{t^m}{m!},\quad \mathscr{L}^{-1}\left[\frac{1}{(s-a)^{m+1}}\right]=\frac{t^m}{m!}\mathrm{e}^{at},$$

则

$$\mathscr{L}^{-1}\left[\frac{1}{s}\right]=1,\quad \mathscr{L}^{-1}\left[\frac{1}{s+1}\right]=\mathrm{e}^{-t},$$

所以

$$f(t)=\mathscr{L}^{-1}\left[\frac{1}{s(s+1)}\right]=1-\mathrm{e}^{-t}\quad(t>0).$$

5.4　拉普拉斯变换的应用

在力学系统、电学系统、自动控制系统、可靠性系统、数字信号系统以及随机服务系统等相关学科中,拉普拉斯变换起着重要的作用.在其他工程技术和科学研究领域中,拉普拉斯变换也有着广泛的应用.这些系统对应的数学模型大多数是常微分方程、偏微分方程、积分方程或微分积分方程.这些方程可以看成是在各种物理系统中对其过程数学建模后所得.以下各例抛开其物理背景,只看成是纯粹的数学问题.本节将应用拉普拉斯变换来解线性微分方程.

常用方法是:首先取拉普拉斯变换,将方程化为像函数的代数方程,通过解代数方程求出像函数,再取逆变换得最后的解,如图 5-2 所示.

图 5-2

例 5.20　求方程

$$y''+2y'-3y=\mathrm{e}^{-t}$$

满足初始条件 $y|_{t=0}=0,y'|_{t=0}=1$ 的解.

解　设 $\mathscr{L}[y(t)]=Y(s)$,对方程的两边取拉普拉斯变换,并考虑到初始条件,则得

$$[s^2Y(s)-sy(0)-y'(0)]+2[sY(s)-y(0)]-3Y(s)=\frac{1}{s+1},$$

即

$$s^2 Y(s) - 1 + 2s Y(s) - 3Y(s) = \frac{1}{s+1}.$$

解上述代数方程,得

$$Y(s) = \frac{s+2}{(s+1)(s^2+2s-3)} = \frac{s+2}{(s+1)(s-1)(s+3)},$$

即

$$Y(s) = -\frac{1}{4} \cdot \frac{1}{s+1} + \frac{3}{8} \cdot \frac{1}{s-1} - \frac{1}{8} \cdot \frac{1}{s+3},$$

上式两端取拉普拉斯逆变换,得

$$y(t) = -\frac{1}{4} e^{-t} + \frac{3}{8} e^{t} - \frac{1}{8} e^{-3t}.$$

这就是所求微分方程的解.

例 5.21 求方程组

$$\begin{cases} y'' - x'' + x' - y = e^t - 2 \\ 2y'' - x'' - 2y' + x = -t \end{cases}$$

满足初始条件 $\begin{cases} y(0) = y'(0) = 0 \\ x(0) = x'(0) = 0 \end{cases}$ 的解.

解 对两个方程取拉普拉斯变换,设

$$\mathscr{L}[y(t)] = Y(s), \quad \mathscr{L}[x(t)] = X(s),$$

并考虑到初始条件,得

$$\begin{cases} s^2 Y(s) - s^2 X(s) + s X(s) - Y(s) = \dfrac{1}{s-1} - \dfrac{2}{s} \\ 2s^2 Y(s) - s^2 X(s) - 2s Y(s) + X(s) = -\dfrac{1}{s^2} \end{cases},$$

整理,得

$$\begin{cases} (s+1) Y(s) - s X(s) = \dfrac{-s+2}{s(s-1)^2} \\ 2s Y(s) - (s+1) X(s) = -\dfrac{1}{s^2(s-1)} \end{cases}.$$

解此线性方程组,可得

$$D = \begin{vmatrix} s+1 & -s \\ 2s & -(s+1) \end{vmatrix}$$

$$= -(s+1)^2 + 2s^2 = -s^2 - 2s - 1 + 2s^2$$

$$= s^2 - 2s - 1,$$

$$D_Y = \begin{vmatrix} \dfrac{-s+2}{s\,(s-1)^2} & -s \\[3mm] -\dfrac{1}{s^2(s-1)} & -(s+1) \end{vmatrix}$$

$$= \frac{(s-2)(s+1)-s+1}{s(s-1)^2} = \frac{s^2-2s-1}{s\,(s-1)^2},$$

$$D_X = \begin{vmatrix} s+1 & \dfrac{-s+2}{s\,(s-1)^2} \\[3mm] 2s & -\dfrac{1}{s^2(s-1)} \end{vmatrix}$$

$$= \frac{2s^3-4s^2-2s-s^2+2s+1}{s^2\,(s-1)^2}$$

$$= \frac{(2s-1)(s^2-2s-1)}{s^2\,(s-1)^2},$$

故
$$Y(s) = \frac{D_Y}{D} = \frac{1}{s\,(s-1)^2},$$

$$X(s) = \frac{D_X}{D} = \frac{2s-1}{s^2\,(s-1)^2} = \frac{-1}{s^2} + \frac{1}{(s-1)^2}.$$

所以，

$$\begin{cases} y(t) = 1 - e^t + te^t, \\ x(t) = -t + te^t. \end{cases}$$

拉普拉斯变换还可以用于求解积分方程.

例 5.22　求解积分方程

$$y(t) = g(t) + \int_0^t y(\tau)r(t-\tau)\mathrm{d}\tau,$$

其中 $g(t), r(t)$ 是已知函数.

解　注意方程右端的积分就是卷积 $g(t) * r(t)$，对方程两端取拉普拉斯变换，记

$$\mathscr{L}[y(t)] = Y(s), \quad \mathscr{L}[g(t)] = G(s), \quad \mathscr{L}[r(t)] = R(s),$$

由卷积定理可得

$$Y(s) = G(s) + Y(s)R(s),$$

解得

$$Y(s) = \frac{G(s)}{1 - R(s)}.$$

所以，

$$y(t) = \mathscr{L}^{-1}[Y(s)] = \mathscr{L}^{-1}\left[\frac{G(s)}{1-R(s)}\right].$$

对 $y(t) = at + \int_0^t y(\tau)\sin(t-\tau)\mathrm{d}\tau$, 可得

$$Y(s) = \frac{G(s)}{1-R(s)} = a\left(\frac{1}{s^2} + \frac{1}{s^4}\right),$$

所以

$$y(t) = \mathscr{L}^{-1}[Y(s)] = a\left(t + \frac{t^3}{3!}\right).$$

例 5.23　在 RL 电路中当 $t=0$ 时,开关 K 闭合,输入电压

$$e(t) = E_0\sin\omega t,$$

其电路示意图如图 5-3 所示.若初始电感为零,求开关闭合后的电流函数 $i(t)$.

图 5-3

解　根据基尔霍夫定律,电路中的电流满足

$$\begin{cases} L\dfrac{\mathrm{d}i(t)}{\mathrm{d}t} + Ri(t) = E_0\sin\omega t, \\ i(0) = 0. \end{cases}$$

设 $\mathscr{L}[i(t)] = I(s)$,两边同取拉普拉斯逆变换,则得

$$LsI(s) + RI(s) = E_0\frac{\omega}{s^2+\omega^2},$$

因此

$$I(s) = \frac{\omega E_0}{(Ls+R)(s^2+\omega^2)} = \frac{E_0}{L}\frac{1}{s+\dfrac{R}{L}}\frac{\omega}{s^2+\omega^2},$$

两边同取拉普拉斯逆变换,可得

$$i(t) = \frac{E_0}{L}\left(\mathrm{e}^{-\frac{R}{L}t} * \sin\omega t\right) = \frac{E_0}{L}\int_0^t \sin\omega\tau \cdot \mathrm{e}^{-\frac{R}{L}(t-\tau)}\mathrm{d}\tau$$

$$= \frac{E_0}{R^2+L^2\omega^2}(R\sin\omega t - \omega L\cos\omega t) + \frac{E_0\omega L}{R^2+L^2\omega^2}\mathrm{e}^{-\frac{R}{L}t}.$$

该结果第一项表示一个幅度不变的稳定振荡,第二项表示振幅随时间衰减.

*5.5　z 变换

本节简单介绍 z 变换的定义、性质及它与拉普拉斯变换的联系，为后续课程的学习提供必要的参考.

5.5.1　z 变换的定义

将拉普拉斯变换扩展到整个实数区间，即

$$\int_{-\infty}^{+\infty} f(t)\mathrm{e}^{-st}\,\mathrm{d}t.$$

如果 $f(t)$ 只在离散点取值，令 $z=\mathrm{e}^{s}$，则上述积分可以转化为无穷级数，就得到了 z 变换.

定义 5.2　给定离散函数序列 $f(n)$，n 为整数，定义 $f(n)$ 的 z 变换为

$$F(z) = \mathscr{Z}[f(n)] = \sum_{n=-\infty}^{+\infty} f(n)z^{-n}, \tag{5-21}$$

其中 z 是一个复变量.由式(5-21)定义的 z 变换称为**双边 z 变换**.另有单边 z 变换和有限长 z 变换，本节主要介绍双边 z 变换.

形如式(5-21)的幂级数是洛朗级数.洛朗级数在收敛域内的每一点上都是解析函数，因此，在收敛域内的 z 变换也是解析函数，z 变换及其所有导数必为 z 的连续函数.

把 z 写成极坐标形式 $z=r\mathrm{e}^{\mathrm{j}\omega}$，代入式(5-21)得

$$F(r\mathrm{e}^{\mathrm{j}\omega}) = \sum_{n=-\infty}^{+\infty} f(n)r^{-n}\mathrm{e}^{-\mathrm{j}\omega n}, \tag{5-22}$$

当 $r=|z|=1$ 时，有

$$F(\mathrm{e}^{\mathrm{j}\omega}) = \sum_{n=-\infty}^{+\infty} f(n)\mathrm{e}^{-\mathrm{j}\omega n}, \tag{5-23}$$

$r=|z|=1$ 表示一个单位圆，因此，序列在单位圆上的 z 变换等于序列的傅里叶变换.并不是所有序列的 z 变换对所有 z 值都是收敛的，如果满足

$$\sum_{n=-\infty}^{+\infty} |f(n)r^{-n}| < \infty, \tag{5-24}$$

则 z 变换对所有 z 值都收敛.

例如，序列 $u(n)$ 不满足绝对可和的条件，它的傅里叶变换不收敛，但只要 $1<r<+\infty$，则 $u(n)r^{-n}$ 满足式(5-23)，因而它的 z 变换是收敛的.这说明 z 变换的收敛条件弱于傅里叶变换的条件，应用更广泛.

对于给定的 $f(n)$,使它的 z 变换收敛的 z 值的集合,称为 **z 变换的收敛域**,简称为 ROC(region of convergence). ROC 是 z 变换中一个重要概念.

根据洛朗级数的性质,z 变换的收敛域一般是某个环域,即

$$R_1 < |z| < R_2, \tag{5-25}$$

式中,R_1 可小到 0,R_2 可大到 ∞.

例 5.24 求序列 $f(n) = a^{-n}u(-n-1)$ 的 z 变换.

解 $$F(z) = \mathscr{Z}[f(n)] = \sum_{n=-\infty}^{+\infty} f(n)z^{-n} = \sum_{n=-\infty}^{-1} a^{-n}z^{-n} = \sum_{n=1}^{+\infty} (az)^n$$
$$= az(1 + az + a^2z^2 + \cdots).$$

当 $|az| < 1$,即 $|z| < \dfrac{1}{|a|}$ 时,上述级数收敛,且有

$$F(z) = \frac{az}{1-az}.$$

可以看出,$F(z)$ 在 $z = 0$ 处有一个零点,在 $z = \dfrac{1}{a}$ 处有一个极点,如图 5-4 所示.

图 5-4

5.5.2 z 变换的逆变换

z 变换的逆变换就是由 $F(z)$ 求序列 $f(n)$ 的变换. 定义为

$$f(n) = \mathscr{Z}^{-1}[F(z)] = \frac{1}{2\pi \mathrm{j}} \oint_C F(z)z^{n-1}\mathrm{d}z, \tag{5-26}$$

其中 C 为任一环绕原点并完全位于 $F(z)$ 收敛域内的正方向闭曲线.

计算 z 的逆变换的方法较多,下面介绍几种常用的方法.

1. 幂级数法

如果一个 z 变换 $F(z)$ 能表示成幂级数的形式,那么,可直接看出序列 $f(n)$ 是幂级数

$$F(z) = \sum_{n=-\infty}^{\infty} f(n)z^{-n}$$

中的 z^{-n} 的系数. 因此,若能用现有的幂级数公式将 $F(z)$ 展开,则可很容易地求得 $f(n)$.

2. 部分分式展开法

对有理 z 变换求逆变换常用的另一种方法是将其展成部分分式求和,然后求各简单分式的逆变换. 设

$$F(z) = \frac{b_0 + b_1 z^{-1} + b_2 z^{-2} + \cdots + b_M z^{-M}}{a_0 + a_1 z^{-1} + a_2 z^{-2} + \cdots + a_N z^{-N}},$$

如果 $F(z)$ 只有一级极点且 $M < N$,则 $F(z)$ 可以表示为

$$\begin{aligned} F(z) &= \frac{b_0 + b_1 z^{-1} + b_2 z^{-2} + \cdots + b_M z^{-M}}{a_0 + a_1 z^{-1} + a_2 z^{-2} + \cdots + a_N z^{-N}} \\ &= \frac{c(b_0 + b_1 z^{-1} + b_2 z^{-2} + \cdots + b_M z^{-M})}{\prod_{k=1}^{N}(1 - d_k z^{-1})} \\ &= \sum_{k=1}^{N} \frac{A_k}{1 - d_k z^{-1}}, \end{aligned}$$

式中,$d_k(k=1,2,\cdots,N)$ 是 $F(z)$ 的极点. $F(z)$ 的收敛域是以最大极点的模为半径的圆的外部区域,即

$$|z| > \max\{|d_k|\}.$$

A_k 可由极点处的留数求得,即

$$A_k = (1 - d_k z^{-1}) F(z) \big|_{z=d_k}.$$

如果 $M \geqslant N$,则 $F(z)$ 可展开成如下形式:

$$\begin{aligned} F(z) &= B_{M-N} z^{M-N} + B_{M-N-1} z^{M-N-1} + \cdots + B_1 z^{-1} + B_0 + \sum_{k=1}^{N} \frac{A_k}{1 - d_k z^{-1}} \\ &= \sum_{n=0}^{M-N} B_n z^{-n} + \sum_{k=1}^{N} \frac{A_k}{1 - d_k z^{-1}}. \end{aligned} \tag{5-27}$$

式中,B_n 可直接用长除法得到,A_k 仍由上式求得. 如果 $F(z)$ 具有多级极点,则应对式(5-27)进行修正.

3. 留数定理法

使用柯西积分公式可以方便地导出求逆 z 变换的公式,柯西积分公式为

$$\frac{1}{2\pi\mathrm{j}} \oint_C z^{k-1} \mathrm{d}z = \begin{cases} 1, & k = 0, \\ 0, & k \neq 0, \end{cases}$$

式中,C 是逆时针方向环绕原点的围线.

在 z 变换的定义式两边同乘以 z^{k-1},并计算围线积分,得

$$\frac{1}{2\pi j}\oint_C F(z)z^{k-1}\mathrm{d}z = \frac{1}{2\pi j}\oint_C \sum_{n=-\infty}^{\infty} f(n)z^{-n+k-1}\mathrm{d}z,$$

式中,C 是 $F(z)$ 的收敛域内的一条环绕原点的积分围线.

当 $n=k$ 时,利用柯西积分公式,由上式可得到

$$\frac{1}{2\pi j}\oint_C F(z)z^{k-1}\mathrm{d}z = f(k),$$

或

$$f(n) = \frac{1}{2\pi j}\oint_C F(z)z^{n-1}\mathrm{d}z, \tag{5-28}$$

该式对正的 n 和负的 n 均成立.该式便是 z 逆变换计算公式.

对于有理 z 变换,式(5-28)的围线积分可用留数定理来计算.设在有限的 z 平面上,$\{a_k\}(k=1,2,\cdots,N)$ 是 $F(z)z^{n-1}$ 在围线 C 内部的极点集,$\{b_k\}(k=1,2,\cdots,M)$ 是 $F(z)z^{n-1}$ 在围线 C 外部的极点集.根据柯西留数定理,有

$$f(n) = \sum_{k=1}^{N} \mathrm{Res}[F(z)z^{n-1},a_k], \tag{5-29}$$

$$f(n) = -\sum_{k=1}^{N} \mathrm{Res}[F(z)z^{n-1},b_k]. \tag{5-30}$$

围线 C 内的极点一般对应于一个因果序列,而 C 外的极点对应于一个逆因果序列,因此,当 $n\geqslant 0$ 时,使用式(5-29);当 $n<0$ 时,使用式(5-30).

如果 $F(z)z^{n-1}$ 是 z 的有理函数,且在 $z=z_0$ 处有 s 阶极点,即

$$F(z)z^{n-1} = \frac{\Psi(z)}{(z-z_0)^s},$$

式中,$\Psi(z)$ 在 $z=z_0$ 处无极点.那么,$F(z)z^{n-1}$ 在 $z=z_0$ 处的留数可用下式计算:

$$\mathrm{Res}[F(z)z^{n-1},z_0] = \frac{1}{(s-1)!}\left[\frac{\mathrm{d}\Psi^{s-1}(z)}{\mathrm{d}z^{s-1}}\right]\bigg|_{z=z_0}.$$

5.5.3　z 变换的性质和应用

设

$$\mathscr{Z}[f(n)]=F(z), \quad R_1^F<|z|<R_2^F;$$
$$\mathscr{Z}[g(n)]=G(z), \quad R_1^G<|z|<R_2^G.$$

1. 线性性质

$$\mathscr{Z}[af(n)+bg(n)]=aF(z)+bG(z), \quad R_1<|z|<R_2,$$

其中

$$R_1=\max[R_1^F,R_1^G], \quad R_2=\min[R_2^F,R_2^G].$$

2. 延迟(移位)性质

$$\mathscr{Z}[f(n-m)]=z^{-m}F(z), \quad R_1^F<|z|<R_2^F.$$

3. 尺度变换性质

$$\mathscr{L}\left[a^n f(n)\right]=F(a^{-1}z), \quad |a|R_1^F<|z|<|a|R_2^F.$$

4. 折叠性质

$$\mathscr{L}\left[f(-n)\right]=F\left(\frac{1}{z}\right), \quad \frac{1}{R_2^F}<|z|<\frac{1}{R_1^F}.$$

5. 共轭性质

$$\mathscr{L}\left[\overline{f(n)}\right]=\overline{F(\overline{z})}, \quad R_1^F<|z|<R_2^F.$$

6. 微分性质

$$\mathscr{L}\left[nf(n)\right]=-z\frac{\mathrm{d}F(z)}{\mathrm{d}z}, \quad R_1^F<|z|<R_2^F.$$

5.5.4　z 变换与拉普拉斯变换的关系

定义连续时间函数为 $f(t)$,当在 $t=0,T,2T,\cdots$ 等时间点采样时就得到一个新的时间函数 $f_T(t)$,它在采样点 $nT(n=0,1,2,\cdots)$ 的值为 $f(nT)$,其余均为零,$f_T(t)$ 可以看成是由一些脉冲串组成的,因此可以写成

$$f_T(t)=\sum_{n=0}^{+\infty}f(nT)\delta(t-nT), \tag{5-31}$$

也可以看成是由等间距的单位脉冲序列

$$S_T(t)=\sum_{n=0}^{+\infty}\delta(t-nT)$$

被函数 $f(t)$ 调制而成,即

$$f_T(t)=f(t)S_T(t).$$

脉冲函数存在拉普拉斯变换,现对式(5-31)作拉普拉斯变换,因为

$$\mathscr{L}[\delta(t-nT)]=\mathrm{e}^{-snT},$$

故

$$\mathscr{L}\left[f_T(t)\right]=\sum_{n=0}^{+\infty}f(nT)\mathrm{e}^{-snT}.$$

注意到 $f_T(t)$ 就是离散序列 f_n,令 $z=\mathrm{e}^{sT}$,则上述式子就可以写成

$$\mathscr{L}\left[f_T(t)\right]=\sum_{n=0}^{+\infty}f(n)z^{-n}.$$

上式的右边正是 z 变换的定义式.也就是说,对连续函数的采样序列取拉普拉斯变换,并令 $z=\mathrm{e}^{sT}$,就得到该序列的 z 变换.

在 s 域内,e^{-sT} 的作用相当于使原函数延迟时间 T,因此 z^{-1} 的作用也是使原函数延迟一个采样周期 T.

值得注意的是,从 $z=\mathrm{e}^{sT}$ 可以看出由 s 平面到 z 平面的这种映射不是简单的

代数映射,如图 5-5 所示.这种非直接关系将给信号处理中数字滤波器的设计带来一定的不利影响.

图 5-5

*5.6　小波变换简介

傅里叶变换是信息时代处理各种信号的重要工具,并且已经发展了一套内容十分丰富并在许多实际问题中行之有效的处理方法.但是,用傅里叶变换进行信号分析和处理,其方法也存在着一定的局限性.傅里叶变换虽然可以详细地研究信号在频域上的特征,然而却把时域上的特征完全丢失.为了克服傅里叶变换的弱点与不足,小波变换应运而生.小波变换是 20 世纪 80 年代后期发展起来的一门新兴学科,它是傅里叶变换的发展与补充,被认为是非线性科学领域和应用领域在工具及方法上的重大突破.

5.6.1　傅里叶变换的局限

设信号 $f(t)$ 的傅里叶变换为 $F(\omega)$,傅里叶变换对为

$$F(\omega) = \int_{-\infty}^{+\infty} f(t) \mathrm{e}^{-\mathrm{j}\omega t} \mathrm{d}t,$$

$$f(t) = \frac{1}{2\pi} \int_{-\infty}^{+\infty} F(\omega) \mathrm{e}^{\mathrm{j}\omega t} \mathrm{d}\omega.$$

注意傅里叶变换适用于确定性平稳信号问题,对非平稳信号和奇异信号几乎无法处理.如果利用傅里叶变换来研究频谱特性,由于每个频谱值都由整个时域信号值决定,因此必须获得信号在整个时域的全部信息;反之,每个时域值也由整个频域值决定.傅里叶变换在时域上没有分辨能力,即通过有限频段上的频谱函数不能获得有限时域上的信号值,也就是它不能确定一个局部信号发生的时间.

5.6.2　窗口傅里叶变换

为了研究在有限时间范围内信号的频域特性,盖博(Gabor)在 1946 年提出了 Gabor 变换,后来进一步发展成了窗口傅里叶变换,也称短时傅里叶变换(Short-Time Fourier Transform,简称 STFT),它将非平稳过程看作是由一系列短时平稳信号的叠加而成,可以通过在时域上加窗口来实现短时性.STFT 变换是一种时-频局部化的方法,把信号分成许多小的时间间隔,然后用傅里叶变换分析每一个时间间隔,以确定该时间间隔内存在的频率,这种方法在一定程度上弥补了傅里叶变换的不足.

信号 $f(t)$ 的 STFT 变换定义为

$$G(\omega,t) = \int_{-\infty}^{+\infty} f(u)\,\overline{g(u-t)}\mathrm{e}^{-\mathrm{j}\omega u}\,\mathrm{d}u, \tag{5-32}$$

其中,$g(t)$ 为时窗函数,$\overline{g(t)}$ 表示 $g(t)$ 的复共轭,其存在使 STFT 变换具有局部特性,它既是时间函数,又是频率函数.对于给定时间 t,$G(\omega,t)$ 可以看作是该时刻的频谱,即"局部频谱".

STFT 具有以下性质:

(1) 时移性.　如果 $\widetilde{f}(t)=f(t-t_0)$,则

$$G_{\widetilde{f}}(\omega,t)=G_f(\omega,t-t_0)\mathrm{e}^{-\mathrm{j}\omega t_0};$$

(2) 频移性.　如果 $\widetilde{f}(t)=f(t)\mathrm{e}^{\mathrm{j}\omega_0 t}$,则

$$G_{\widetilde{f}}(\omega,t)=G_f(\omega-\omega_0,t).$$

上式表明,STFT 具有频移不变性,但不具有时移不变性.

如果时窗函数 $g(t)$ 平方绝对可积,且满足下式:

$$\int_{-\infty}^{+\infty} \big|g(t)\big|^2\mathrm{d}t = 1,$$

则信号 $f(t)$ 可以由其 STFT 变换完全重构出来,如下式:

$$f(t) = \frac{1}{2\pi}\int_{-\infty}^{+\infty}\mathrm{d}\tau\int_{-\infty}^{+\infty} G(\omega,\tau)g(t-\tau)\mathrm{e}^{\mathrm{j}\omega t}\,\mathrm{d}\omega. \tag{5-33}$$

分别定义 $g(t)$ 的时窗中心和时窗半径为

$$t^* = \int_{-\infty}^{+\infty} t\,\big|g(t)\big|^2\mathrm{d}t,$$

$$\Delta t = \sqrt{\int_{-\infty}^{+\infty}(t-t^*)^2\,\big|g(t)\big|^2\mathrm{d}t},$$

则 $g(t)$ 的窗口为 $[t^*-\Delta t, t^*+\Delta t]$,窗口宽度为 $2\Delta t$.进一步研究可以知道,时窗中心虽会平移,但时窗半径不变.

相应地,设 $g(t)$ 的傅里叶变换为 $G(\omega)$,称之为频窗函数.定义频窗中心和频窗半径为

$$\omega^* = \frac{\int_{-\infty}^{+\infty} \omega \left| G(\omega) \right|^2 \mathrm{d}\omega}{\int_{-\infty}^{+\infty} \left| G(\omega) \right|^2 \mathrm{d}\omega},$$

$$\Delta\omega = \frac{\sqrt{\int_{-\infty}^{+\infty} (\omega - \omega^*)^2 \left| G(\omega) \right|^2 \mathrm{d}\omega}}{\sqrt{\int_{-\infty}^{+\infty} \left| G(\omega) \right|^2 \mathrm{d}\omega}}.$$

同样可以知道,频窗中心虽会平移但频窗半径不变.

高频信号波长较短,即时域较窄,因此若要提取高频分量,时窗应调窄一些,而低频信号波长较长,此时频窗应该尽量窄一些,但注意时-频窗面积是一个定值,即时窗函数选定后,时-频窗大小和形状就固定不变了,这样就限制了窗口傅里叶变换的应用.

5.6.3　小波变换

1974 年,法国物理学家 J. Morlet 在分析地震波时首次提出了小波变换概念.后来经过各学科领域内专家的深入研究,小波分析才开始蓬勃发展,并且取得了理论上的突破和应用上的实现.小波变换优于窗口傅里叶变换之处在于:如果想提取更多的低频信息,可以将时窗加长,如果想提取更多的高频信息,可以将时窗变窄,使得窗口缩放更加灵活,同时小波变换并不直接研究时-频窗,而是将函数在小波基下展开,把一个时间函数投影到二维的时间-尺度相平面上.从频率域的角度来看,小波变换已经没有像傅里叶变换那样的频率点的概念,取而代之的是本质意义上的频带概念;从时间域来看,小波变换所反映的也不再是某个准确的时间点处的变化,而是体现了原信号在某个时间段内的变化情况.窗口傅里叶变换如图 5-6 所示,小波变换如图 5-7 所示.

图 5-6

图 5-7

设 $\psi(t)$ 及其傅里叶变换 $\hat{\psi}(\omega)$ 均平方可积,且宽度有限,并满足相容性条件:

$$C_\psi = \int_{-\infty}^{+\infty} \frac{|\hat{\psi}(\omega)|^2}{\omega} \mathrm{d}\omega < +\infty, \tag{5-34}$$

则称 $\psi(t)$ 为**基本小波**或**小波母函数**.

将小波母函数 $\psi(t)$ 进行伸缩和平移得**小波基函数**:

$$\psi_{a,b}(t) = \frac{1}{\sqrt{|a|}} \psi\left(\frac{t-b}{a}\right) \quad (a,b\in\mathbf{R}; a\neq 0), \tag{5-35}$$

其中 a 为**伸缩因子**(又称尺度因子),b 为**平移因子**.

连续小波变换定义为:设函数 $f(t)$ 平方可积,$\overline{\psi(t)}$ 表示 $\psi(t)$ 的复共轭,则 $f(t)$ 的连续小波变换为

$$WT_f(a,b) = \int_{-\infty}^{+\infty} f(t)\,\overline{\psi_{a,b}(t)}\mathrm{d}t, \tag{5-36}$$

小波的作用相当于窗口傅里叶变换中的窗函数,其中 b 起到平移作用,a 是尺度参数,可以改变窗口的大小和形状,同时也能改变小波频谱结构.

常用的小波有以下几种.

Haar 小波:$\psi(t) = \begin{cases} 1, & 0 \leqslant t < 1/2, \\ -1, & 1/2 \leqslant t < 1, \text{如图 5-8 所示.} \\ 0, & \text{其他,} \end{cases}$

Morlet 小波:$\psi(t) = \mathrm{e}^{\frac{t^2}{2}}\mathrm{e}^{\mathrm{j}\omega_0 t}$,其中 $-\infty < t < +\infty$,$\omega_0 \leqslant 5$,如图 5-9 所示.

图 5-8

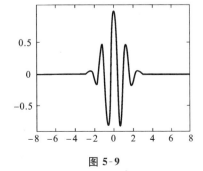

图 5-9

Marr 小波：$\psi(t) = (1-t^2)\left(\dfrac{1}{\sqrt{2\pi}}\right)e^{\frac{t^2}{2}}$，其中 $-\infty < t < +\infty$，如图 5-10 所示.

图 5-10

5.6.4 小波变换的性质

1. 线性性质

$$\int_{-\infty}^{+\infty}(k_1 f + k_2 g)\overline{\psi_{a,b}(t)}\mathrm{d}t = k_1\int_{-\infty}^{+\infty}f\,\overline{\psi_{a,b}(t)}\mathrm{d}t + k_2\int_{-\infty}^{+\infty}g\,\overline{\psi_{a,b}(t)}\mathrm{d}t.$$

2. 平移性质

$$\int_{-\infty}^{+\infty}f(t-t_0)\overline{\psi_{a,b}(t)}\mathrm{d}t = \int_{-\infty}^{+\infty}f(t)\,\overline{\psi_{a,b-t_0}(t)}\mathrm{d}t.$$

3. 尺度法则

$$\int_{-\infty}^{+\infty}f(\lambda t)\overline{\psi_{a,b}(t)}\mathrm{d}t = \frac{1}{\sqrt{\lambda}}\int_{-\infty}^{+\infty}f(t)\,\overline{\psi_{\lambda a,\lambda b}(t)}\mathrm{d}t.$$

小波变换中，把 $\psi_{a,b}(t)$ 称为时窗函数，把 $\hat{\psi}_{a,b}(\omega)$ 称为频窗函数，其中 $\hat{\psi}_{a,b}(\omega)$ 为 $\psi_{a,b}(t)$ 的傅里叶变换，四个参数分别为

$$t^* = \frac{\displaystyle\int_{-\infty}^{+\infty}t\,|\psi_{a,b}(t)|^2\mathrm{d}t}{\displaystyle\int_{-\infty}^{+\infty}|\psi_{a,b}(t)|^2\mathrm{d}t},$$

$$\Delta t = \sqrt{\frac{\displaystyle\int_{-\infty}^{+\infty}(t-t^*)^2\,|\psi_{a,b}(t)|^2\mathrm{d}t}{\displaystyle\int_{-\infty}^{+\infty}|\psi_{a,b}(t)|^2\mathrm{d}t}},$$

$$\omega^* = \frac{\displaystyle\int_{-\infty}^{+\infty}\omega\,|\hat{\psi}_{a,b}(\omega)|^2\mathrm{d}\omega}{\displaystyle\int_{-\infty}^{+\infty}|\hat{\psi}_{a,b}(\omega)|^2\mathrm{d}\omega},$$

$$\Delta\omega = \frac{\sqrt{\int_{-\infty}^{+\infty}(\omega-\omega^*)^2\,|\,\hat{\psi}_{a,b}(\omega)\,|^2\mathrm{d}\omega}}{\sqrt{\int_{-\infty}^{+\infty}|\,\hat{\psi}_{a,b}(\omega)\,|^2\mathrm{d}\omega}}.$$

　　任何变换只有存在逆变换才有意义.对于连续小波而言,若采用的小波满足相容性条件式(5-34),则其逆变换存在,即根据信号的小波变换系数就可以精确地恢复原信号,并满足连续小波变换的逆变换公式:

$$f(t) = \frac{1}{C_\psi}\int_0^{+\infty}\frac{\mathrm{d}a}{a^2}\int_{-\infty}^{+\infty}WT_f(a,b)\psi_{a,b}(t)\mathrm{d}b. \tag{5-37}$$

　　在大多数情况下,小波变换不要求使用连续的尺度,为使小波变换能够实现快速数字化,可以取尺度参数为数列 $\{2^k\}_{k\in\mathbf{z}}$,这就形成了二进制小波和二进制小波变换等.

　　小波变换在时域和频域同时具有良好的局域化性质,克服了窗口傅里叶变换的缺点,在各个领域都得到了广泛的应用,它已成功地应用于数学、物理、信息获取与处理,尤其在信息安全研究中取得重要进展,如数字水印、信息隐藏、信息加密与解密等.

　　小波变换在数学界的地位是独一无二的,事实上在相当长的时间里,数学家们都在研究不同的小波分解形式.他们的目的是能对不同的函数空间提供直接的、简便的分析方法,但是在 1909 年到 1980 年这段时间里,从 Haar 到 Stromber 等数学家、物理学家和信号处理专家之间很少进行科学交流,物理学家与信号处理专家并不了解数学的发展,但是由于要面对本学科内特定的压力,导致小波的出现.今天,数学和信号及图像处理之间的界限已逐渐模糊,其他学科内的专家对小波的发现给数学的发展注入了新的活力,从信号与图像处理出发的研究为小波变换提供了最直接的方法.

例 题 解 析

　　例 5.25　求函数 $t^2U(t-2)$ 的拉普拉斯变换.

　　解　由 $\mathcal{L}[U(t)]=\dfrac{1}{s}$ 及延迟性质,可知

$$\mathcal{L}[U(t-2)] = \frac{1}{s}\mathrm{e}^{-2s},$$

再由微分性质得

$$\mathcal{L}[t^2U(t-2)] = (-1)^2\frac{\mathrm{d}^2}{\mathrm{d}s^2}\left(\frac{\mathrm{e}^{-2s}}{s}\right) = \frac{4s^2+4s+2}{s^3}\mathrm{e}^{-2s}.$$

　　例 5.26　设 $f(t)$ 满足拉普拉斯变换存在定理的条件,若 $\mathcal{L}[f(t)]=F(s)$,试

证明

$$\mathscr{L}\left[\frac{f(t)}{t}\right]=\int_s^{+\infty}F(s)\mathrm{d}s,$$

其中右边的积分路径在半平面 $\mathrm{Re}(s)>C$ 内,并利用此结论求解 $\mathscr{L}\left[\int_0^t\frac{\mathrm{e}^{-3t}\sin2t}{t}\mathrm{d}t\right]$.

证明
$$\int_s^{+\infty}F(s)\mathrm{d}s=\int_s^{+\infty}\left[\int_0^{+\infty}f(t)\mathrm{e}^{-st}\mathrm{d}t\right]\mathrm{d}s\quad(交换积分次序)$$
$$=\int_0^{+\infty}\left[\int_s^{+\infty}f(t)\mathrm{e}^{-st}\mathrm{d}s\right]\mathrm{d}t$$
$$=\int_0^{+\infty}\left[-\frac{1}{s}\mathrm{e}^{-st}\right]_s^{+\infty}f(t)\mathrm{d}t,$$

注意到 $t>0,\mathrm{Re}(s)>C,\lim\limits_{s\to\infty}\mathrm{e}^{-st}=0$,上式给出

$$\int_s^{+\infty}F(s)\mathrm{d}s=\int_0^{+\infty}\frac{1}{t}\mathrm{e}^{-st}f(t)\mathrm{d}t=\mathscr{L}\left[\frac{f(t)}{t}\right].$$

此即要证明的结论.

由拉普拉斯变换的积分性质及上述结论得

$$\mathscr{L}\left[\int_0^t\frac{\mathrm{e}^{-3t}\sin2t}{t}\mathrm{d}t\right]=\frac{1}{s}\mathscr{L}\left[\frac{\mathrm{e}^{-3t}\sin2t}{t}\right]=\frac{1}{s}\int_s^{+\infty}\mathscr{L}[\mathrm{e}^{-3t}\sin2t]\mathrm{d}s,$$

再由 $\mathscr{L}[\sin bt]=\dfrac{b}{s^2+b^2}$ 及位移性质给出

$$\mathscr{L}[\mathrm{e}^{-at}\sin bt]=\frac{b}{(s+a)^2+b^2},$$

所以

$$\mathscr{L}\left[\int_0^t\frac{\mathrm{e}^{-3t}\sin2t}{t}\mathrm{d}t\right]=\frac{1}{s}\int_s^{+\infty}\frac{2}{(s+3)^2+2^2}\mathrm{d}s=\frac{1}{s}\left[\arctan\frac{s+3}{2}\right]_s^{+\infty}$$
$$=\frac{1}{s}\left(\frac{\pi}{2}-\arctan\frac{s+3}{2}\right)=\frac{1}{s}\mathrm{arccot}\frac{s+3}{2}.$$

例 5.27　求函数 $\dfrac{2s+5}{s^2+4s+13}$ 的拉普拉斯逆变换.

解　用拉普拉斯变换的性质求解. 由

$$\frac{2s+5}{s^2+4s+13}=2\frac{s+2}{(s+2)^2+3^2}+\frac{1}{3}\frac{3}{(s+2)^2+3^2},$$

以及 $\mathscr{L}[\sin3t]=\dfrac{3}{s^2+3^2}$,$\mathscr{L}[\cos3t]=\dfrac{s}{s^2+3^2}$,结合位移性质可得

$$\mathscr{L}^{-1}\left[\frac{2s+5}{s^2+4s+13}\right]=2\mathscr{L}^{-1}\left[\frac{s+2}{(s+2)^2+3^2}\right]+\frac{1}{3}\mathscr{L}^{-1}\left[\frac{3}{(s+2)^2+3^2}\right]$$
$$=2\mathrm{e}^{-2t}\cos3t+\frac{1}{3}\mathrm{e}^{-2t}\sin3t.$$

或用公式求解. 函数 $F(s)=\dfrac{2s+5}{s^2+4s+13}$ 有两个简单极点：$-2-3\mathrm{i}$，$-2+3\mathrm{i}$，且 $\lim\limits_{s\to\infty}F(s)=0$. 由公式

$$\mathscr{L}^{-1}[F(s)]=\mathrm{Res}\left[\frac{2s+5}{s^2+4s+13}\mathrm{e}^{st},-2-3\mathrm{i}\right]+\mathrm{Res}\left[\frac{2s+5}{s^2+4s+13}\mathrm{e}^{st},-2+3\mathrm{i}\right]$$

$$=\frac{(2s+5)\mathrm{e}^{st}}{(s^2+4s+13)'}\Big|_{s=-2-3\mathrm{i}}+\frac{(2s+5)\mathrm{e}^{st}}{(s^2+4s+13)'}\Big|_{s=-2+3\mathrm{i}}$$

$$=\left(1+\frac{1}{6}\mathrm{i}\right)\mathrm{e}^{-2t-3t\mathrm{i}}+\left(1-\frac{1}{6}\mathrm{i}\right)\mathrm{e}^{-2t+3t\mathrm{i}}$$

$$=\mathrm{e}^{-2t}\left(2\cos3t+\frac{1}{3}\sin3t\right).$$

例 5.28　求函数 $\dfrac{s}{(s^2+a^2)^2}$ 的拉普拉斯逆变换.

解　用卷积定理求解. 由

$$\frac{s}{(s^2+a^2)^2}=\frac{s}{s^2+a^2}\cdot\frac{1}{s^2+a^2}=F_1(s)\cdot F_2(s),$$

其中　　　　　　　$F_1(s)=\dfrac{s}{s^2+a^2},\quad F_2(s)=\dfrac{1}{s^2+a^2}.$

不难看出

$$\mathscr{L}^{-1}[F_1(s)]=f_1(t)=\cos at,\quad \mathscr{L}^{-1}[F_2(s)]=f_2(t)=\frac{1}{a}\sin at,$$

于是由卷积定理可得

$$\mathscr{L}^{-1}\left[\frac{s}{(s^2+a^2)^2}\right]=\mathscr{L}^{-1}[F_1(s)\cdot F_2(s)]=f_1(t)*f_2(t)$$

$$=\frac{1}{a}\int_0^t\cos ax\sin a(t-x)\mathrm{d}x$$

$$=\frac{t}{2a}\sin at.$$

例 5.29　求方程组

$$\begin{cases}y'+2y+6\displaystyle\int_0^t z\mathrm{d}t=-2u(t)\\ y'+z'+z=0\end{cases}$$

满足初始条件 $y(0)=-5$ 及 $z(0)=6$ 的解.

解　设

$$\mathscr{L}[y(t)]=Y(s),\quad \mathscr{L}[z(t)]=Z(s),$$

对方程组中的每个方程两边取拉普拉斯变换，并利用初始条件，由微分性质与积分性质，可得像函数满足的方程组为

$$\begin{cases} s\mathscr{L}[y]+5+2\mathscr{L}[y]+\dfrac{6}{s}\mathscr{L}[z]=-\dfrac{2}{s}, \\ s\mathscr{L}[y]+5+s\mathscr{L}[z]-6+\mathscr{L}[z]=0, \end{cases}$$

或

$$\begin{cases} (s^2+2s)Y(s)+6Z(s)=-2-5s, \\ sY(s)+(s+1)Z(s)=1, \end{cases}$$

解此代数方程组可知

$$Y(s)=\frac{-5s^2-7s-8}{s(s^2+3s-4)}, \quad Z(s)=\frac{2(3s+2)}{s^2+3s-4}.$$

对每一像函数取拉普拉斯逆变换,可得所求的解为

$$y(t)=\mathscr{L}^{-1}\left[\frac{-5s^2-7s-8}{s(s^2+3s-4)}\right]=\mathscr{L}^{-1}\left[\frac{2}{s}-\frac{4}{s-1}-\frac{3}{s+4}\right]=2u(t)-4\mathrm{e}^{t}-3\mathrm{e}^{-4t},$$

$$z(t)=\mathscr{L}^{-1}\left[\frac{2(3s+2)}{s^2+3s-4}\right]=\mathscr{L}^{-1}\left[\frac{2}{s-1}+\frac{4}{s+4}\right]=2\mathrm{e}^{t}+4\mathrm{e}^{-4t}.$$

本 章 小 结

本章重点介绍了拉普拉斯变换,首先从傅里叶变换的定义出发,导出拉普拉斯变换的概念,给出了它的一些基本性质,讨论了其逆变换的积分表达式——复反演积分公式,提出了拉普拉斯变换的应用;其次介绍了 z 变换相关知识;最后简单介绍了小波变换.

拉普拉斯变换是在傅里叶变换的基础上,进一步地推广积分变换,使得一些傅里叶积分不存在的函数也可以进行积分变换.拉普拉斯变换是工程技术中常用的一种数学方法,它能把微积分运算转化为代数运算,能把微分方程转化为代数方程,使解题过程大为简化.

z 变换是针对离散序列进行的一种数学变换,常用以求线性时不变差分方程的解.它在离散时间系统中的地位,如同拉普拉斯变换在连续时间系统中的地位.这一方法(即离散时间信号的 z 变换)已成为分析线性时不变离散时间系统问题的重要工具,在数字信号处理、计算机控制系统等领域有广泛的应用.

小波变换,由于其在时频两域都具有表征信号局部特征的能力和多分辨率分析的特点,因此被誉为"数学显微镜".小波变换的基本思想是将原始信号通过伸缩和平移后,分解为一系列具有不同空间分辨率、不同频率特性和方向特性的子带信号,这些子带信号具有良好的时域、频域等局部特征.这些特征可用来表示原始信号的局部特征,进而实现对信号时间、频率的局部化分析,从而克服了傅里叶分析在处理非平稳信号和复杂图像时所存在的局限性.

一、拉普拉斯变换的概念

1. 拉普拉斯变换的定义

$$F(s) = \mathscr{L}[f(t)] = \int_0^{+\infty} f(t)\mathrm{e}^{-st}\,\mathrm{d}t.$$

2. 拉普拉斯变换的存在定理

(1) 在 $t > 0$ 的任一有限区间上分段连续；

(2) 当 $t \to +\infty$ 时，$f(t)$ 的增长速度不超过某一指数函数，即存在常数 $M > 0$ 及 $c \geqslant 0$，使得不等式

$$|f(t)| \leqslant M\mathrm{e}^{ct} \quad (0 \leqslant t < +\infty)$$

成立，则像函数 $F(s)$ 在半平面 $\mathrm{Re}(s) > c$ 内一定存在，且是解析的（c 称为函数 $f(t)$ 的增长指数上限）.

(3) 一些常见函数的拉普拉斯变换：

$$\mathscr{L}[\delta(t)] = 1; \quad \mathscr{L}[\mathrm{e}^{at}] = \frac{1}{s-a} \quad (\mathrm{Re}(s) > \alpha);$$

$$\mathscr{L}[\sin at] = \frac{a}{s^2 + a^2} \quad (\mathrm{Re}(s) > 0);$$

$$\mathscr{L}[t^m] = \frac{m!}{s^{m+1}} \quad (\mathrm{Re}(s) > 0);$$

$$\mathscr{L}[\cos kt] = \frac{s}{s^2 + k^2} \quad (\mathrm{Re}(s) > 0).$$

二、拉普拉斯变换的性质

1. 线性性质

$$\mathscr{L}[\alpha f_1(t) + \beta f_2(t)] = \alpha F_1(s) + \beta F_2(s).$$

2. 微分性质

$$F^{(n)}(s) = \mathscr{L}[(-t)^n f(t)].$$

$$\mathscr{L}[f^{(n)}(t)] = s^n F(s) - s^{n-1} f(0) - s^{n-2} f'(0) - \cdots - f^{(n-1)}(0).$$

3. 积分性质

$$\mathscr{L}\left\{\int_0^t f(t)\,\mathrm{d}t\right\} = \frac{1}{s}\mathscr{L}[f(t)] = \frac{1}{s}F(s), \quad \mathscr{L}\left[\frac{f(t)}{t}\right] = \int_s^{+\infty} F(s)\,\mathrm{d}s.$$

4. 位移性质

$$\mathscr{L}[\mathrm{e}^{at} f(t)] = F(s-a) \quad \text{或} \quad \mathscr{L}^{-1}[F(s-a)] = \mathrm{e}^{at} f(t).$$

5. 延迟性质

$$\mathscr{L}[f(t-\tau)u(t-\tau)] = \mathrm{e}^{-s\tau} F(s),$$

或

$$\mathscr{L}^{-1}[\mathrm{e}^{-s\tau} F(s)] = f(t-\tau)u(t-\tau) \quad (\tau \geqslant 0).$$

三、拉普拉斯逆变换

1. 复反演积分公式

$$f(t) = \mathscr{L}^{-1}[F(s)] = \frac{1}{2\pi \mathrm{j}} \int_{\beta-\mathrm{j}\infty}^{\beta+\mathrm{j}\infty} F(s)\mathrm{e}^{st}\,\mathrm{d}s \quad (t > 0).$$

2. 像原函数的求法

$$f(t) = \mathscr{L}^{-1}[F(s)] = \sum_{k=1}^{n} \mathrm{Res}[F(s)\mathrm{e}^{st}, s_k] \quad (t > 0).$$

当像函数为有理函数时,一般可采用分解为部分分式的方法与赫维赛德(Heaviside)展开式的方法求出像原函数.

四、卷积

1. 卷积概念

$$f_1(t) * f_2(t) = \int_0^t f_1(\tau) f_2(t-\tau)\,\mathrm{d}\tau.$$

2. 卷积定理

$$\mathscr{L}[f_1(t) * f_2(t)] = F_1(s) \cdot F_2(s),$$

$$\mathscr{L}^{-1}[F_1(s) \cdot F_2(s)] = f_1(t) * f_2(t).$$

五、拉普拉斯变换的应用

用拉普拉斯变换及其逆变换求解一些微分方程、积分方程和微积分方程.

数学家简介——拉普拉斯

　　拉普拉斯(Laplace)，法国数学家、天文学家，法兰西科学院院士，天体力学的主要奠基人、天体演化学的创立者之一，还是分析概率论的创始人，因此可以说他是应用数学的先驱.

　　拉普拉斯 1749 年 3 月 23 日生于法国西北部卡尔瓦多斯的博蒙昂诺日，曾任巴黎军事学院数学教授.1795 年，任巴黎综合工科学校教授，后又在高等师范学校任教授.1799 年，他还担任过法国经度局局长，并在拿破仑政府中任过 6 个星期的内政部长.1816 年选为法兰西科学院院士，并于 1817 年任该院院长.1827 年 3 月 5 日卒于巴黎.

　　拉普拉斯在研究天体问题的过程中，创造和发展了许多数学的方法，以他的名字命名的拉普拉斯变换、拉普拉斯定理和拉普拉斯方程，在科学技术的各个领域有着广泛的应用.

　　拉普拉斯把注意力主要集中在天体力学的研究上面.他把牛顿的万有引力定律应用到整个太阳系，1773 年解决了一个当时著名的难题：解释木星轨道为什么在不断地收缩，而同时土星的轨道又在不断地膨胀.拉普拉斯用数学方法证明行星平均运动的不变性，即行星的轨道大小只有周期性变化，并证明为偏心率和倾角的 3 次幂.这就是著名的拉普拉斯定理.此后，他开始了太阳系稳定性问题的研究.同年，他成为法国科学院副院士.

　　1784—1785 年，他求得天体对其外任一质点的引力分量可以用一个势函数来表示，这个势函数满足一个偏微分方程，即著名的拉普拉斯方程.1785 年他被选为科学院院士.

习 题 五

A 题

1. 设 $f(t)=\mathrm{e}^{2t}$,则 $\mathscr{L}[f(t)]=$_____.

2. 设 $f(t)=u(3t-6)$,则 $\mathscr{L}[f(t)]=$_____.

3. 设 $f(t)=\cos 3t$,则 $\mathscr{L}[f(t)]=$_____.

4. 设 $\mathscr{L}[f(t)]=\dfrac{2}{s^2+4}$,则 $\mathscr{L}[\mathrm{e}^{-3t}f(t)]=$_____.

5. $F(s)=\dfrac{s+1}{s^2+1}$,则 $\mathscr{L}^{-1}[F(s)]=$_____.

6. 设 $f(t)=(t-1)^2\mathrm{e}^t$,则 $\mathscr{L}[f(t)]=$_____.

7. 设 $F(s)=\dfrac{5}{s^2+25}$,则 $f(t)=\mathscr{L}^{-1}[F(s)]$为( ).

(A) $\cos 5t$ (B) $\sin 5t$

(C) $\mathrm{ch}5t$ (D) $\mathrm{sh}5t$

8. 设 $\mathscr{L}[f(t)]=F(s)$,则 $\mathscr{L}[\mathrm{e}^{at}f(t)]$为( ).

(A) $F(s-a)$ (B) $F(s+a)$

(C) $\mathrm{e}^{as}F(s)$ (D) $\mathrm{e}^{-as}F(s)$

9. 设 $f(t)=\mathrm{e}^{-2t}\cos 3t$,则 $\mathscr{L}[f(t)]$为( ).

(A) $\dfrac{3}{(s+2)^2+9}$ (B) $\dfrac{s+2}{(s+2)^2+9}$

(C) $\dfrac{3s}{(s+2)^2+9}$ (D) $\dfrac{3(s+2)}{(s+2)^2+9}$

10. 设 $f(0)=f'(0)=\cdots=f^{(9)}(0)=0$,且 $\mathscr{L}[f(t)]=F(s)$,则 $\mathscr{L}[f^{(10)}(t)]$为( ).

(A) $s^9F(s)$ (B) $\dfrac{1}{s^9}F(s)$

(C) $s^{10}F(s)$ (D) $\dfrac{1}{s^{10}}F(s)$

11. 设 $\mathscr{L}^{-1}[1]=\delta(t)$,则 $\mathscr{L}^{-1}\left[\dfrac{s^2}{s^2+1}\right]$为( ).

(A) $\delta(t)\cos t$ (B) $\delta(t)-\cos t$

(C) $\delta(t)(1-\sin t)$ (D) $\delta(t)-\sin t$

12. 设 $f(t)=u(5t-2)$,则 $\mathscr{L}[f(t)]$为( ).

(A) $\dfrac{1}{s}e^{-\frac{2}{25}s}$ (B) $\dfrac{1}{s}e^{-\frac{2}{5}s}$

(C) $se^{-\frac{2}{25}s}$ (D) $se^{-\frac{2}{5}s}$

13. 已知 $F(s)=\dfrac{3}{(s+2)^2+9}$，则 $f(t)=\mathscr{L}^{-1}[F(s)]$ 为（ ）.

(A) $e^{-2t}\cos3t$ (B) $e^{2t}\cos3t$

(C) $e^{-2t}\sin3t$ (D) $e^{2t}\sin3t$

14. 求函数 $f(t)=\begin{cases}t, & 0<t<2\\ 2, & t>2\end{cases}$ 的拉普拉斯变换.

15. 求函数 $f(t)=tu(t-a)e^{bt}\ (a>0)$ 的拉普拉斯变换.

16. 由定义直接计算函数

$$f(t)=\begin{cases}\sin t, & 0<t<\pi\\ 0, & t\leqslant0,t\geqslant\pi\end{cases}$$

的拉普拉斯变换.

17. 求下列函数的拉普拉斯变换：

(1) $f(t)=t^2+3t$; (2) $f(t)=1-e^t$;

(3) $f(t)=5\sin(2t)-3\cos(2t)$; (4) $f(t)=te^{-3t}\sin(2t)$;

(5) $f(t)=t^ne^{at},n\in\mathbf{N}$; (6) $f(t)=t\cos(at)$.

18. 求下列函数的拉普拉斯逆变换：

(1) $F(s)=\dfrac{1}{s^2+a^2}$; (2) $F(s)=\dfrac{s}{(s-a)(s-b)}$;

(3) $F(s)=\dfrac{1}{s^2-a^2}$; (4) $F(s)=\dfrac{1}{s^2(s^2-1)}$;

(5) $F(s)=\dfrac{s}{s+2}$; (6) $F(s)=\ln\dfrac{s^2-1}{s^2}$.

19. 求下列卷积：

(1) $1*1$; (2) $t*t$;

(3) $\sin t*\cos t$; (4) $\delta(t-2)*f(t)$.

20. 求下列常系数或变系数微分方程的解：

(1) $y'-y=e^{2t}$, $y(0)=0$;

(2) $y''+4y=\sin t$, $y(0)=y'(0)=0$;

(3) $y''-2y'+2y=2e^t\cos t$, $y(0)=0$, $y'(0)=1$;

(4) $y''-2y'+y=0$, $y(0)=0$, $y(1)=2$;

(5) $ty''+2y'+ty=0$, $y(0)=1$, $y'(0)=1$.

B　题

1. 利用拉普拉斯变换的性质及常用函数的拉普拉斯变换,求函数 $f(t)=\sin^3 t$ 的拉普拉斯变换.

2. 求下列函数的拉普拉斯变换:

(1) $2\sqrt{\dfrac{t}{\pi}}+4\mathrm{e}^{2t}$;　　　　　　　　　　　(2) $\sin(t-2)\cdot u(t-2)$.

3. 计算下列积分值:

(1) $\displaystyle\int_0^{+\infty} t^n \mathrm{e}^{at}\,\mathrm{d}t\,(a\neq 0)$;　　　　　　(2) $\displaystyle\int_0^{+\infty} \mathrm{e}^{-3t}\cos 2t\,\mathrm{d}t$.

4. 利用拉普拉斯变换的卷积公式计算 $t*\mathrm{e}^t$.

5. 利用延迟性,求下列函数的拉普拉斯逆变换:

(1) $F(s)=\dfrac{s\mathrm{e}^{-5s+1}}{s^2+4}$;　　　　　　　(2) $F(s)=\dfrac{s^2+s+2}{s^3}\mathrm{e}^{-s}$.

6. 利用拉普拉斯变换的性质,求下列函数的拉普拉斯逆变换:

(1) $\dfrac{2s+3}{s^2+9}$;　　　　　　　　　　　(2) $\dfrac{4s}{(s^2+4)^2}$.

7. 利用卷积定理,求函数 $\dfrac{1}{s(s-1)(s-2)}$ 的拉普拉斯逆变换.

8. 利用留数,求下列函数的拉普拉斯逆变换:

(1) $\dfrac{1}{s(s-a)}$;　　　　　　　　　　(2) $\dfrac{1}{s(s^2+a^2)}$.

9. 解下列积分方程:

(1) $y(t)+\displaystyle\int_0^t y(\tau)\,\mathrm{d}\tau=\mathrm{e}^{-t}$;

(2) $y(t)=at-a^2\displaystyle\int_0^t (t-\tau)y(\tau)\,\mathrm{d}\tau$.

10. 解下列微积分方程:

$$y'(t)-4y(t)+4\int_0^t y(\tau)\,\mathrm{d}\tau=\frac{t^3}{3},\quad y(0)=0.$$

11. 求常微分方程组

$$\begin{cases} 2x-y-y'=4(1-\mathrm{e}^{-t}) \\ 2x'+y=2(1+3\mathrm{e}^{-2t}) \end{cases}$$

的解,满足初始条件 $x(0)=y(0)=0$.

习 题 答 案

习题一

A 题

1. (1) $1,1,1-i,\sqrt{2},\dfrac{\pi}{4}$;

(2) $-5,-12,-5+12i,13,\arctan\dfrac{12}{5}-\pi$;

(3) $\dfrac{3}{25},-\dfrac{4}{25},\dfrac{3+4i}{25},\dfrac{1}{5},-\arctan\dfrac{4}{3}$.

2. $x=1,y=11$.

3. (1) $-1=\cos\pi+i\sin\pi=e^{i\pi}$;

(2) $1+i=\sqrt{2}\left(\cos\dfrac{\pi}{4}+i\sin\dfrac{\pi}{4}\right)=\sqrt{2}e^{i\frac{\pi}{4}}$;

(3) $1-\sqrt{3}i=2\left(\cos\dfrac{-\pi}{3}+i\sin\dfrac{-\pi}{3}\right)=2e^{-i\frac{\pi}{3}}$.

4. (1) $-1,\pm i$; (2) $0,\pm i$.

5. (1) 复平面域,$f'(z)=5(z-1)^4$;

(2) 除 $z=\pm 1$ 外的复平面域,$f(z)=-\dfrac{2z}{(z^2-1)^2}$.

6. $m=1,n=l=-3$.

7. (1) 处处解析; (2) 处处不解析.

8. $\left(2k-\dfrac{1}{2}\right)\pi i$,主值为$-\dfrac{\pi}{2}i$;

9. (1) $\cos 1+i\sin 1$; (2) $e^{-2k\pi}(\cos\ln 3+i\sin\ln 3)$.

***10.** (1) 伸缩率,$|w'(i)|=2$;

(2) 旋转角,$\mathrm{Arg}w'(i)=\dfrac{\pi}{2}$,w 平面上虚轴的正向.

B 题

1. (1) 垂直于连接点 z_1 与 z_2 的线段,且过此线段中点的直线;

(2) 圆周$(x+3)^2+y^2=4$.

2. $1+\sqrt{3}i,-2,1-\sqrt{3}i$.

3. 略.

4. (1) 处处不可导； (2) 处处不可导； (3) 只在 $x=y$ 时可导.

5. (1) 处处不解析； (2) 除 $z^4=-1$ 的点外,处处解析.

6. $f(z)=C_1(1+iz)+C,C$ 是复常数.

7. $f(z)=z^2-5z+C,C$ 为任意常数.

8. (1) 以 $w_1=-1,w_2=-i,w_3=i$ 为顶点的三角形；

    (2) 圆域: $|w|\leqslant 1$.

*9. $w=\dfrac{z^3-i}{z^3+i}$(不唯一).

习题二

A 题

1. $3e^i-4$.   2. $4\pi i$.   3. A.   4. D.

5. 设 $C:\begin{cases} x=t, \\ y=-t, \end{cases} t:0\to 1,z=x+iy=(1-i)t,|z|=\sqrt{2}t,$ 则

$$I=\int_C (z+|z|)dz$$

$$=\int_0^1 [(1-i)t+\sqrt{2}t](1-i)dt=(1-i)^2+\sqrt{2}(1-i)\int_0^1 tdt$$

$$=\frac{1}{2}[-2i+\sqrt{2}(1-i)]=\frac{\sqrt{2}}{2}-\frac{2+\sqrt{2}}{2}i.$$

6. $\oint_C \dfrac{e^z}{z^{100}}dz=\dfrac{2\pi i}{99!}(e^z)^{(99)}\Big|_{z=0}=\dfrac{2\pi i}{99!}.$

7. 利用不定积分法,由柯西-黎曼方程可建立相应等式,得到所求解析函数为

    $f(z)=ze^z+(1+i)z.$

8. 均为 $\dfrac{1}{3}(3+i)^3$.

9. 略.

10. $-\dfrac{1}{3}i$.

11. $\dfrac{8}{3}\pi^3 a^3-\cos(2\pi a)$.

12. $6\pi i$.

13. 0.

14. (1) $f(z) = z^3 + \mathrm{i}$;　(2) $f(z) = \left(1 - \dfrac{\mathrm{i}}{2}\right)z^2 + \dfrac{\mathrm{i}}{2}$;　(3) $f(z) = z\sin z$.

B 题

1. (1) $-\pi\mathrm{i}$;　(2) $2\pi\mathrm{i}$.

2. $-\dfrac{14}{3}$.

3. $6\pi\mathrm{i}$.

4. $\dfrac{1}{3}\pi\sin 3\mathrm{i}$.

5. $\dfrac{4\pi\mathrm{i}}{5}$.

6. 0.

7. 0.

8. 当 a 与 $-a$ 都不在 C 的内部时,积分值为 0;当 a 与 $-a$ 中有一个在 C 的内部时,积分值为 $\pi\mathrm{i}$;当 a 与 $-a$ 都在 C 的内部时,积分值为 $2\pi\mathrm{i}$.

习题三

A 题

1. (1) 发散；　(2) 收敛；　(3) 收敛.

2. (1) $R = \dfrac{1}{\sqrt{2}}$;　(2) $R = \dfrac{1}{3}$;　(3) $R = 1$.

3. (1) $\dfrac{1}{1 + z^3} = 1 - z^3 + z^6 - \cdots$, $|z| < 1$;

(2) $\dfrac{1}{(1 + z^2)^2} = 1 - 2z^2 + 3z^4 + \cdots + (-1)^{n+1} n z^{2n-2} + \cdots$, $|z| < 1$;

(3) $\cos z^2 = 1 - \dfrac{z^4}{2!} + \dfrac{z^8}{4!} - \cdots + (-1)^n \dfrac{z^{2n}}{(2n)!} + \cdots$, $|z| < +\infty$.

4. (1) $\dfrac{z}{(z+1)(z+2)} = \displaystyle\sum_{n=0}^{\infty}\left(\dfrac{1}{2^{n+1}} - \dfrac{1}{3^n}\right)(z-2)^n$, $|z - 2| < 3$;

(2) $\dfrac{1}{z^2} = 1 - 2(z-1) + \cdots + (-1)^{n-1} n(z-1)^{n-1} + \cdots$, $|z - 2| < 1$.

5. (1) 在 $1 < |z| < 2$ 内,

$$\dfrac{1}{(z^2+1)(z-2)} = -\dfrac{1}{5}\left(\sum_{n=0}^{\infty}\dfrac{z^n}{2^{n+1}} + \sum_{n=0}^{\infty}(-1)^n\dfrac{1}{z^{2n+1}} + \sum_{n=0}^{\infty}(-1)^n\dfrac{2}{z^{2n+2}}\right).$$

(2) 在 $0<|z-1|<1$ 内, $\dfrac{1}{(z-1)(z-2)}=-\displaystyle\sum_{n=0}^{\infty}(z-1)^{n-1}$;

在 $1<|z-2|<+\infty$ 内, $\dfrac{1}{(z-1)(z-2)}=\displaystyle\sum_{n=0}^{+\infty}(-1)^n\dfrac{1}{(z-2)^{n+2}}$.

(3) 在 $0<|z|<1$ 内, $f(z)=\displaystyle\sum_{n=-1}^{+\infty}(n+2)z^n$;

在 $0<|z-1|<1$ 内, $f(z)=\displaystyle\sum_{n=-2}^{+\infty}(-1)^n(z-1)^n$.

6. (1) 在 $0<|z|<1$ 内, $f(z)=\displaystyle\sum_{n=0}^{+\infty}\dfrac{z^{n-2}}{\mathrm{i}^{n-1}}$;

(2) 在 $|z|>1$ 内, $f(z)=\displaystyle\sum_{n=0}^{+\infty}\dfrac{\mathrm{i}^n}{z^{n+3}}$;

(3) 在 $0<|z-\mathrm{i}|<1$ 内, $f(z)=\displaystyle\sum_{n=1}^{+\infty}(-1)^n\dfrac{n}{\mathrm{i}^{n-1}}(z-\mathrm{i})^{n-2}$;

(4) 在 $|z-\mathrm{i}|>1$ 内, $f(z)=\displaystyle\sum_{n=0}^{+\infty}(-1)^n\dfrac{(n+1)\mathrm{i}^n}{(z-\mathrm{i})^{n+3}}$.

7. (1) 奇点:$0,\pm\mathrm{i}.\ z=0$ 是一级极点,$z=\pm\mathrm{i}$ 是二级极点;

(2) 奇点:$\pm1.\ z=1$ 是二级极点,$z=-1$ 是一级极点;

(3) 奇点:$0.\ z=0$ 是函数可去奇点;

(4) 奇点:$1.\ z=1$ 是本性奇点.

8. (1) $\mathrm{Res}[f(z),0]=-\dfrac{1}{2}$,$\mathrm{Res}[f(z),2]=\dfrac{3}{2}$;

(2) $\mathrm{Res}[f(z),0]=-\dfrac{4}{3}$;

(3) $\mathrm{Res}[f(z),1]=0$;

(4) $\mathrm{Res}[f(z),1]=\dfrac{1}{4}$,$\mathrm{Res}[f(z),-1]=-\dfrac{1}{4}$.

9. (1) $\displaystyle\oint_{|z|=2}\dfrac{\mathrm{e}^{2z}}{(z-1)^2}\mathrm{d}z=4\pi\mathrm{e}^2\mathrm{i}$;

(2) $\displaystyle\oint_{|z|=\frac{3}{2}}\dfrac{\mathrm{e}^z}{(z-1)(z+3)^2}\mathrm{d}z=\dfrac{\pi\mathrm{e}\mathrm{i}}{8}$;

(3) $\displaystyle\oint_{|z|=1}\dfrac{z}{\sin z}\mathrm{d}z=0$.

10. $I=\dfrac{2\pi}{3}$.

B 题

1. （1）收敛；（2）发散.

2. （1）$R = e$；（2）$R = 1$.

3. $f(z) = \sum\limits_{n=0}^{\infty} \dfrac{3^n}{(1-3i)^{n+1}}(z-1-i)^n$，　$|z-1-i| < \dfrac{\sqrt{10}}{3}$.

4. （1）在 $0 < |z| < 1$ 内，$\dfrac{z+1}{z^2(z-1)} = \dfrac{1}{z^2} - 2\sum\limits_{n=0}^{+\infty} z^{n-2}$；

　　（2）在 $1 < |z| < +\infty$ 内，$\dfrac{z+1}{z^2(z-1)} = \dfrac{1}{z^2} + \sum\limits_{n=0}^{+\infty} \dfrac{2}{z^{n+3}}$.

5. （1）$\text{Res}[f(z),i] = -\dfrac{3}{8}i$，　$\text{Res}[f(z),-i] = \dfrac{3}{8}i$；

　　（2）$\text{Res}[f(z),0] = -\dfrac{1}{6}$.

6. （1）$\oint\limits_{|z|=\frac{1}{2}} \dfrac{\sin z}{z(1-e^z)}\mathrm{d}z = -2\pi i$；

　　（2）$\oint\limits_{|z|=3} \tan\pi z\,\mathrm{d}z = -12i$.

7. $I = \dfrac{\sqrt{2}\pi}{4}$.

8. $I = \dfrac{\pi}{2e^2}$.

习题四

A 题

1. $\dfrac{1}{2}[F(\omega-1) + F(\omega+1)]$.

2. $F(\omega) = \dfrac{1}{2+j\omega}$.

3. $F(t+t_0)$.

4. $e^{-j\omega a}F(\omega)$.

5. $\dfrac{1}{2}e^{-\frac{5}{2}j\omega}F\left(\dfrac{\omega}{2}\right)$.

6. C.　**7.** B.　**8.** B.　**9.** D.　**10.** D.

B　题

1. $f(t) = \dfrac{2}{\pi}\displaystyle\int_0^{+\infty}\dfrac{\beta}{\beta^2+\omega^2}\cos\omega t\,\mathrm{d}t,\quad \int_0^{+\infty}\dfrac{1}{\beta^2+\omega^2}\cos\omega t\,\mathrm{d}t = \dfrac{\pi}{2\beta}\mathrm{e}^{-|\beta|t}.$

2. (1) $F(\omega) = -\dfrac{2}{\omega^2}(\cos\omega - 1);$

　　(2) $\dfrac{\mathrm{j}}{\omega-\omega_0}\big[\mathrm{e}^{-\mathrm{j}b(\omega-\omega_0)} - \mathrm{e}^{-\mathrm{j}a(\omega-\omega_0)}\big];$

　　(3) $\dfrac{1}{2}(\mathrm{e}^{\mathrm{j}\omega a} + \mathrm{e}^{-\mathrm{j}\omega a} + \mathrm{e}^{\mathrm{j}\omega\frac{a}{2}} + \mathrm{e}^{\mathrm{j}\omega(-\frac{a}{2})})$　　或者　　$\cos(\omega a) + \cos\left(\omega\,\dfrac{a}{2}\right).$

3. $F(\omega) = \dfrac{2\sin\omega}{\omega}.$

4. (1) $F(\omega) = \dfrac{2}{\mathrm{j}\omega};$

　　(2) $F(\omega) = \mathrm{e}^{-\frac{\sigma^2\omega^2}{2}};$

　　(3) $F(\omega) = \dfrac{\pi}{2}\big[(\sqrt{3}+\mathrm{j})\delta(\omega+5) + (\sqrt{3}-\mathrm{j})\delta(\omega-5)\big].$

5. 略.

6. 略.

7. $f_1(t) * f_2(t) = \begin{cases} \dfrac{t}{2}, & 0<t<1, \\[2mm] \dfrac{1}{2}(2-t), & 1\leqslant t\leqslant 2, \\[2mm] 0, & \text{其他}. \end{cases}$

8. (1) $\dfrac{\mathrm{j}}{2}\dfrac{\mathrm{d}}{\mathrm{d}\omega}F\left(\dfrac{\omega}{2}\right);$　(2) $\mathrm{j}\dfrac{\mathrm{d}}{\mathrm{d}\omega}F(\omega) - 2F(\omega);$　(3) $\dfrac{1}{2\mathrm{j}}\dfrac{\mathrm{d}^3}{\mathrm{d}\omega^3}F\left(\dfrac{\omega}{2}\right);$

　　(4) $-F(\omega) - \omega\dfrac{\mathrm{d}}{\mathrm{d}\omega}F(\omega).$

9. $\mathrm{DFT}[\{1,1\}] = \{2,0\}.$

10. $F(0) = 4.3289;$　　　　　　$F(1) = 0.8090 - 1.0745\mathrm{j};$

　　$F(2) = 0.5473 - 0.5008\mathrm{j};$　　$F(3) = 0.4968 - 0.2458\mathrm{j};$

　　$F(4) = 0.4825 - 0.0754\mathrm{j};$　　$F(5) = 0.4825 + 0.0754\mathrm{j};$

　　$F(6) = 0.4968 + 0.2458\mathrm{j};$　　$F(7) = 0.5473 + 0.5008\mathrm{j};$

　　$F(8) = 0.8090 + 1.0745\mathrm{j}.$

11. $x(t) = -\dfrac{1}{2}t\mathrm{e}^{-t}.$

12. $x(t) = \begin{cases} 0, & t < 0, \\ \mathrm{e}^{-t}, & t \geqslant 0. \end{cases}$

习题五

A 题

1. $\mathscr{L}[f(t)] = \dfrac{1}{s-2}$.

2. $\mathscr{L}[f(t)] = \dfrac{1}{s}\mathrm{e}^{-2s}$.

3. $\mathscr{L}[f(t)] = \dfrac{s}{s^2+9}$.

4. $\mathscr{L}[\mathrm{e}^{-3t}f(t)] = \dfrac{2}{(s+3)^2+4}$.

5. $\mathscr{L}^{-1}[F(s)] = \cos 3t + \dfrac{1}{3}\sin 3t$.

6. $\mathscr{L}[f(t)] = \dfrac{s^2-4s+5}{(s-1)^3}$.

7. B.　**8.** A.　**9.** B.　**10.** C.　**11.** D.　**12.** B.　**13.** C.

14. $\dfrac{1-\mathrm{e}^{-2s}}{s^2}$;

15. $\mathrm{e}^{a(b-s)}\left[\dfrac{a}{s-b} + \dfrac{1}{(s-b)^2}\right]$;

16. $\dfrac{1}{s^2+1}(1+\mathrm{e}^{-\pi s})$.

17. (1) $F(s) = \dfrac{2}{s^3} + \dfrac{3}{s^2}$;　(2) $F(s) = \dfrac{1}{s} - \dfrac{1}{s-1}$;

(3) $F(s) = \dfrac{10-3s}{s^2+4}$;　(4) $F(s) = \dfrac{4(s+3)}{[(s+3)^2+4]^2}$;

(5) $F(s) = \dfrac{n!}{(s-a)^{n+1}}$;　(6) $F(s) = \dfrac{s^2-a^2}{(s^2+a^2)^2}$.

18. (1) $\dfrac{\sin(at)}{a}$;　(2) $\dfrac{a\mathrm{e}^{at} - b\mathrm{e}^{bt}}{a-b}$;

(3) $\dfrac{\mathrm{e}^{at} - \mathrm{e}^{-at}}{2a}$;　(4) $\dfrac{\mathrm{e}^{t} - \mathrm{e}^{-t} - 2t}{2}$;

(5) $\delta(t) - 2\mathrm{e}^{-2t}$;　(6) $-\dfrac{\mathrm{e}^{t} + \mathrm{e}^{-t} - 2}{t}$.

19. (1) t;　(2) $\dfrac{t^3}{6}$;　(3) $\dfrac{t}{2}\sin t$;　(4) $\begin{cases} 0, & t < 2, \\ f(t-2), & t \geqslant 2. \end{cases}$

20. (1) $y(t) = \mathrm{e}^{2t} - \mathrm{e}^{t}$;　(2) $y(t) = \dfrac{1}{3}\sin t - \dfrac{1}{6}\sin 2t$;

　　　 (3) $y(t) = t\mathrm{e}^{t}\sin t$;　(4) $y(t) = 2t\mathrm{e}^{t-1}$;　(5) $y(t) = \dfrac{\sin t}{t}$.

B　题

1. $\dfrac{3}{4}\left(\dfrac{1}{s^2+1} - \dfrac{1}{s^2+9} \right)$.

2. (1) $\dfrac{1}{s\sqrt{p}} + \dfrac{4}{s-2}$;　(2) $\dfrac{\mathrm{e}^{-2s}}{1+s^2}$.

3. (1) $\dfrac{(-1)^{n+1}n!}{a^{n+1}}$;　(2) $\dfrac{3}{13}$.

4. $t * \mathrm{e}^{t} = \mathrm{e}^{t} - t - 1$.

5. (1) $\mathrm{e}\cos 2(t-5)u(t-5)$;　(2) $(1-t+t^2)u(t-1)$.

6. (1) $2\cos 3t + \sin 3t$;　(2) $t\sin 2t$.

7. $\dfrac{1}{2}\mathrm{e}^{2t} - \mathrm{e}^{t} + \dfrac{1}{2}$.

8. (1) $\dfrac{1}{a}(\mathrm{e}^{at} - 1)$;　(2) $\dfrac{1}{a^2}(1 - \cos at)$.

9. (1) $y(t) = (1-t)\mathrm{e}^{-t}$;　(2) $y(t) = \sin t$.

10. $y(t) = \dfrac{3}{8} + \dfrac{1}{2}t + \dfrac{1}{4}t^2 - \dfrac{3}{8}\mathrm{e}^{2t} + \dfrac{1}{4}t\mathrm{e}^{2t}$.

11. $\begin{cases} x(t) = 3 - 2\mathrm{e}^{-t} - \mathrm{e}^{-2t}, \\ y(t) = 2 - 4\mathrm{e}^{-t} + 2\mathrm{e}^{-2t}. \end{cases}$